U0256629

吸附技术在水中典型非金属无机污染物处理中的应用

Application Research of Adsorption Technology
in the Treatment of Typical Nonmetallic Inorganic Pollutants in Water

白淑琴　著

中国科学技术大学出版社

内 容 简 介

　　本书以控制水体中典型非金属无机污染物含量为目的,详细、系统地介绍了吸附技术在目标污染物处理过程中的应用。在简单介绍吸附理论的基础上,以污染物种类为单元,分别介绍了不同吸附剂的制备方法,吸附剂对目标污染物的静态吸附或动态吸附性能,吸附机理的分析手段,典型静态吸附模型和动态吸附模型对实验结果的拟合预测准确性等。此外,还介绍了作为新兴技术的人工神经网络模型对污染物动态吸附过程的模拟、对准确性及实用性的预测。本书数据翔实、论据充足、分析步骤明确,对水处理领域和相关领域的研究具有重要的参考价值。

图书在版编目(CIP)数据

吸附技术在水中典型非金属无机污染物处理中的应用 / 白淑琴著. -- 合肥 : 中国科学技术大学出版社,2025.1. -- ISBN 978-7-312-06200-1

Ⅰ. X703

中国国家版本馆 CIP 数据核字第 2024NC0697 号

吸附技术在水中典型非金属无机污染物处理中的应用

XIFU JISHU ZAI SHUI ZHONG DIANXING FEIJINSHU WUJI WURAN WU CHULI ZHONG DE YINGYONG

出版	中国科学技术大学出版社
	安徽省合肥市金寨路 96 号,230026
	http://press.ustc.edu.cn
	https://zgkxjsdxcbs.tmall.com
印刷	安徽省瑞隆印务有限公司
发行	中国科学技术大学出版社
开本	710 mm×1000 mm　1/16
印张	8.25
字数	170 千
版次	2025 年 1 月第 1 版
印次	2025 年 1 月第 1 次印刷
定价	45.00 元

前　　言

　　水资源是人类赖以生存和发展的重要资源,其质量与可持续利用已成为全球关注的焦点。随着工业化进程的加速和人口的不断增长,水污染问题日益严重,一些有毒、有害污染物通过环境介质和食物链进入人体,不仅对水生生态系统造成威胁,还对人类健康构成了严重威胁。因此,探索高效、经济、环保的水处理技术对于维护生态平衡和保障人类健康具有重要意义。长期以来,针对水中典型重金属污染物、有机污染物控制技术的研究成为焦点,而对非金属无机污染物,如硼化物、氟化物的控制技术研发相对薄弱。水体(主要是饮用水)中某些非金属污染物的超标关系到人类生存和繁衍问题,如硼含量超标关系到生殖系统疾病,氟含量超标可能导致地方性氟中毒疾病。本书正是基于以上背景,深入探讨吸附技术在水中几种非金属无机污染物处理中的应用及其效果。

　　本书基于笔者多年的研究成果,本着绿色发展、循环利用的理念,以控制水体中典型非金属无机污染物含量为目的,详细、系统地介绍了吸附技术在几种有毒有害污染物处理过程中的应用。全书共4章,每章均围绕"吸附技术"主题开展。第1章为理论模块,简单介绍了吸附技术的基本原理,按静态吸附和动态吸附两条线介绍了吸附平衡理论、吸附动力学理论、吸附热力学理论和相关公式,为后续章节的内容奠定了基础。第2～4章为应用案例模块,以污染物种类为单元,按硼、氟、磷等元素的顺序深入探讨吸附去除策略,包括吸附剂的制备及表征,对目标污染物的吸附去除性能,常用几种吸附模型的拟合,吸附机理及实际应用潜力分析等。书中穿插了大量的公式、图表,对实验数据进行了详细的分析,力求使复杂的技术原理变得直观易懂。

本书在出版过程中得到了内蒙古蒙牛乳业(集团)股份有限公司李佳欣工程师,山西省地质勘测局二一七地质队有限公司吕纬工程师,吉林省浩然环保科技有限公司刘忠新工程师的大力支持与帮助,在此一并致谢。

希望本书的出版,有助于推动我国在环境污染治理领域的发展,有益于从事水污染控制技术研发的研究者和学生,有益于政府环境保护管理部门及各级主管部门的决策者。目前,书中几种非金属污染物防止、治理技术的相关问题研究还不够成熟,加之笔者水平有限,书中难免存在缺点和不妥之处,敬请各位同行和读者提出宝贵意见,以便我们不断完善和提高。

著者

2024 年 9 月

目　　录

第1章 吸附理论简介

1.1 吸附技术概述

吸附技术是一种广泛应用于各种领域的高效、节能、环保、易操作、低成本的分离与提纯的方法。它主要通过物理或化学作用,将目标组分气体、液体或目标溶质等固定在固体吸附剂表面或孔隙中,实现从混合物中的有效分离。在实际应用中,可以根据具体的分离需求选择合适的吸附剂和操作条件,以达到最佳的分离效果。

1.1.1 吸附的概念

吸附(adsorption)作用实质上是一个界面现象,利用某些固体能够从流体(气体或液体)混合物中选择性地凝聚一个或多个组分在其表面上的能力,使混合物中的某些组分彼此分离的单元操作过程。[1] 在两相界面上发生的,某一相中的物质自动富集到另一相中的现象。两相可以是固相-气相、固相-液相、固相-固相、液相-气相、液相-液相等。几乎所有的吸附现象都是界面浓度高于本体相(正吸附(positive adsorption)),但也有些电解质水溶液,液相表面的电解质浓度低于本体相(负吸附(negative adsorption))。被吸附的物质称为吸附质(adsorbate),具有吸附作用的物质称为吸附剂(adsorbent)。吸附质一般是比吸附剂小很多的分子和离子等,但也有如高分子这样与吸附剂差不多大小的物质。

吸附分离是借助于位阻效应、动力学效应和平衡效应三种机理来实现的。位阻效应是指具有一定形状且较小的分子能够扩散到吸附剂中,而其他大分子则被阻挡在吸附剂外的现象,主要适用于分子筛、沸石或金属有机骨架材料(MOFs)等具有尺寸筛分效应的分离体系。位阻效应是指基于吸附剂微孔尺寸的控制,通过物理筛选实现分子级别的分离。动力学效应是指基于不同分子在吸附剂孔道中的扩散速率差异来实现分离的现象,主要用于气体净化或工业分离等需要高效分离速度的过程。平衡效应是指基于混合物的平衡吸附来完成的分离过程,适用于需要高精度分离或处理复杂混合物的体系。大多数的吸附过程都是通过混合流体的平衡吸附来完成的。

无论哪一种吸附过程，都通过物理吸附和化学吸附两种吸附作用完成。[1]物理吸附和化学吸附之间的本质区别是吸附质与吸附剂表面之间的作用力性质的不同。依靠分子间普遍存在的范德华力产生的吸附作用称为物理吸附，类似于蒸汽的凝聚和气体的液化，其吸附热比较低、吸附速度快而且没有选择性。物理吸附过程不产生化学反应、不发生电子转移、原子重排化学键的破坏与生成等。由于分子间引力的作用比较弱，使得吸附质分子的结构变化很小。物理吸附的特点是：

（1）通常是放热过程，但放热不大，热量大约为 20 kJ/mol。

（2）物理吸附只取决于气体的物理性质及固体吸附剂的性质，不像化学吸附那样具有较强的选择性。

（3）物理吸附的吸附速率很快，因而吸附速率受温度影响很小，有时即使在低温条件下，吸附速率也是相当快。

（4）在低压下物理吸附可能的吸附层一般是单分子层，随着气压增大，吸附层可以变为多层。

（5）物理吸附通常是可逆过程，被吸附的物质很容易再脱离。如用活性炭吸附气体，只要升高温度，就可以使被吸附的气体逐出活性炭表面。

化学吸附是由吸附质分子与吸附剂发生化学作用产生的吸附，涉及化学键的形成，吸附质分子和吸附剂之间有电子的交换、转移和共有等现象。在吸附过程中物质发生了化学变化，不再是原来的物质。化学吸附所放出的能量比物理吸附大得多，其数量相当于化学反应热。化学吸附的特点是：

（1）化学吸附热量一般为 83.74～418.68 kJ/mol，比物理吸附过程大。

（2）化学吸附的选择性强，只有能够与固体表面发生化学反应的分子才能被吸附。

（3）化学吸附速度受温度影响很大，随温度的升高而显著变快。

（4）化学吸附是单分子层或单原子层吸附。

（5）化学吸附一般是不可逆的，吸附比较稳定，被吸附的物质不易脱附。

值得一提的是，物理吸附与化学吸附并不是孤立的，往往相伴发生，吸附过程既有物理吸附也有化学吸附。对同一吸附剂在较低温度下，吸附某一种组分可能进行物理吸附，而在较高温度下，所进行的吸附会变成化学吸附。两种吸附作用的区别如表 1.1 所示。

表 1.1　物理吸附与化学吸附特点的比较

性　质	物　理　吸　附	化　学　吸　附
吸附力	范德华力	化学键力
吸附热	较小,与液化热相似	较大,与反应热相似
吸附速率	较快,不受温度影响,一般不需要活化	随温度升高速率变快,需要活化
吸附层	单分子层或多分子层	单分子层或单原子层
吸附温度	沸点以下,或低于临界点	无限制
吸附稳定性	不稳定,长时间可完全脱附	比较稳定,脱附时常伴随化学反应
选择性	无选择性,或很差	有选择性

1.1.2　常见吸附剂

吸附剂多为多孔材料,常见的吸附剂有以碳质为原材料的各种活性炭吸附剂、金属材料及其氧化物、非金属氧化物等（如硅胶、活性氧化铝、碳分子筛、黏土等）。[2]吸附剂可按直径尺寸、颗粒物形貌、成分、表面正负极性等归类。如粗孔和微孔吸附剂,粉末状、颗粒状、条形吸附剂,碳质和金属氧化物吸附剂,正负极和非极性吸附剂等。根据吸附剂来源可分为天然吸附剂和合成吸附剂。一些矿物质、黏土、粉煤灰、纤维等属于天然吸附剂,分子筛、活性炭、树脂类、MOFs 等属于人工合成吸附剂。

选择合适的吸附剂是吸附操作中必须解决的首要问题。通常,吸附剂必须具备以下特征:

（1）大的比表面积:流体在固体颗粒上的吸附多为物理吸附,由于这种吸附通常只发生在固体表面几个分子直径的厚度区域,单位面积固体表面所吸附的流体量非常小,因此要求吸附剂必须有足够大的表面积以弥补这一不足。只有具有高度疏松结构和巨大暴露表面积的孔性物质,才能提供巨大的比表面积。

（2）具有良好的选择性:在吸附过程中,要求吸附剂对目标吸附质有较大的吸附能力,而对于混合物中其他组分的吸附能力较小。

（3）吸附容量大:可降低处理单位质量流体所需的吸附剂用量。

（4）具有良好的机械强度和均匀的颗粒尺寸。

（5）有良好的热稳定性及化学稳定性。

（6）有良好的再生性能:吸附剂在吸附后需再生使用,再生效果的好坏往往是吸附分离技术能否使用的关键,要求吸附剂再生方法简单,再生活性稳定。

1.2 吸附平衡理论

1.2.1 吸附平衡

吸附平衡是指在一定的温度和压力下,吸附剂与吸附质充分接触,最后吸附质在两相中的分布达到平衡的过程。吸附质浓度在固体吸附剂表面增加的过程为吸附过程(adsorption)。反之,吸附质在固体表面的浓度减少的过程为脱附过程(desorption)。在实际的吸附过程中,吸附质分子会不断地碰撞吸附剂表面并被吸附剂表面的分子引力束缚在吸附相中。同时吸附相中的吸附质分子又会不断地从吸附剂分子或其他吸附质分子中得到能量,从而克服分子引力离开吸附相。当一定时间内进入吸附相的分子数和离开吸附相的分子数相等时,吸附过程就达到平衡。

吸附平衡与压力、温度、吸附剂的性质、吸附质的性质等因素有关。在固体对气体的吸附中,吸附量是温度和压力的函数。在固体对液体的吸附中则为温度和溶液中吸附质浓度的函数。一般而言,物理吸附很快可以达到平衡,而化学吸附则很慢。在一定的条件下,吸附剂对吸附质吸附量的大小用吸附容量表示,即单位质量的吸附剂所吸附的吸附质的质量,一般用 q 表示。如果用 V 表示流体相体积,C_0 和 C_t 分别表示吸附前后吸附质的浓度,W 表示吸附剂的质量,吸附容量计算公式为

$$q = \frac{V(C_0 - C_t)}{W} \tag{1.1}$$

吸附平衡的表示方法有 3 种:等温吸附平衡、等压吸附平衡和等量吸附平衡。

(1) 等温吸附平衡:固定温度下,吸附量与浓度的关系为等温吸附,通常用吸附等温线来描述所研究体系达到平衡时吸附量与溶液中吸附质浓度的关系。吸附等温线是表征吸附性能最常用的方法,吸附等温线的形状能很好地反映吸附剂和吸附质物理、化学相互作用。

(2) 等压吸附平衡:在压力一定时,吸附量与温度的关系称为吸附等压线。

(3) 等量吸附平衡:吸附量一定时,压力与温度的关系称为吸附等量线,由吸附等量线可以获得微分吸附热。

1.2.2 静态吸附

吸附的基本操作方式有 3 种:静态吸附(间歇操作)、半连续操作和动态吸附

（连续操作）。其中，静态吸附（static adsorption）是指一定量的吸附剂和一定量的含吸附质的溶液混合后，经过长时间的充分接触而达到吸附平衡的现象。吸附体系中的吸附剂和吸附质相对静止，没有溶液或气体等流体的流进和流出，吸附量受到时间、被吸附组分的含量、温度和湿度等因素的影响，常用于评估某种吸附剂的吸附性能。大部分实验室级别的研究以静态吸附的形式开展。

1.2.3　几种典型静态等温吸附模型

吸附等温线描述的是在一定温度下，溶液中被吸附在吸附剂上的吸附质的量（q）与溶质平衡浓度（C）之间的关系。吸附等温线可以有效解释固体-液体表面吸附质及吸附剂的行为，对解释吸附系统特性十分重要。如果能够精确画出吸附等温线，就可以根据吸附质的量精确计算需要投加的吸附剂的量，对生产应用过程具有重要意义。等温吸附过程用等温吸附方程描述。

1. Langmuir 等温吸附模型

Langmuir 等温吸附模型是根据分子间力随距离的增加而迅速下降的事实提出的，气体分子只有碰撞固体表面与固体分子接触时才有可能被吸附为先决条件的吸附模型。Langmuir 模型认为固体表面上各个原子的力场不饱和，可吸附碰撞到固体表面的气体分子或溶质分子。当固体表面上吸附了一层分子后，这种力场就被饱和，因此吸附层是单分子层。[3]

Langmuir 吸附理论的基本假设如下：

（1）分子或原子被吸附在吸附剂表面的一些固定的位置上。

（2）每个位置只能被一个分子或原子所占据。

（3）所有位置的吸附能都是一个常数（理想均匀表面），且被吸附的相邻分子或原子之间无相互作用。

当吸附速率与解吸速率达到动态平衡时，可以得到

$$Q_e = \frac{K_L Q_L C_e}{1 + K_L C_e} \tag{1.2}$$

式中，Q_e 为平衡时的吸附量，单位为 mg/g；C_e 为平衡时的浓度，单位为 mg/L；Q_L 为吸附剂最大吸附量，单位为 mg/g；K_L 为 Langmuir 常数。

Langmuir 吸附模型对于固体表面的吸附作用相当均匀，且吸附限于单分子层的化学吸附，能够较好地代表实验结果。但由于它的假定不够严格，具有相当的局限性，当有多种组分在固体表面同时发生吸附时，它们之间将产生竞争吸附。对气体吸附，虽然 Langmuir 方程可以很好地描述等温线在低压部分的特点，但是不适合高压部分，因为在较高分压情况下，吸附不能认为是单分子层吸附，同时需要考虑毛细管凝结现象。

2. Freundlich 等温吸附模型

现代理论认为,固体表面并非像 Langmuir 指出那样均匀,具有不同的吸附活性中心,这些不同类型的活性中心对吸附质分子的亲合力不相同,一个吸附质分子未必只能占据一活性中心,很可能占据固体表面相邻的两个或两个以上的活性中心。[4] Freundlich 吸附模型是将 Langmuir 吸附平衡方程应用于不均匀表面,基于实验数据得出的经验公式,同样用于描述在恒温条件下,吸附质在吸附剂表面上的吸附量与吸附质在溶液中的浓度之间的关系。非线性 Freundlich 公式的数学表达式为

$$Q_e = K_F C_e^{1/n_F} \tag{1.3}$$

式中,Q_e 为平衡时的吸附量,单位为 mg/g;C_e 为平衡时的浓度,单位为 mg/L;K_F 为 Freundlich 吸附常数,$1/n_F$ 为 Freundlich 指数。

Freundlich 公式常用于描述吸附质浓度变化范围不是很大的非均匀表面的吸附体系。其缺陷是缺乏严格的热力学基础,即在吸附质气相浓度很低时它不能简化为 Henry 公式,而在吸附质气相浓度很高时又不能趋于一个有限的定值。式中的系数都与温度有关,其中,Freundlich 指数 $1/n_F$ 与温度为线性关系($1/n_F = aT$),Freundlich 系数 K 与温度的关系为 $K = a\exp(-bT)$。

3. Dubinin-Radushkevich 等温吸附模型

Dubinin 及其学派发展了吸附势理论,使其真正实用化。因为微孔内的吸附发生在低压部分,1947 年,Dubinin 和 Radushkevich 提出一个根据低压区的吸附等温线估算微孔容积的方法。Dubinin 认为,对于某些吸附过程,微孔内的吸附不是一层一层地吸附在孔壁上,而是在吸附剂微孔内发生体积填充。在假设孔径分布服从高斯分布的前提下,Dubinin 和 Radushkevich 提出了著名的 Dubinin-Radushkevich 方程,即 D-R 方程,其公式为[5]

$$Q_e = Q_D \exp\left\{-A_D\left[\ln\left(1 + \frac{1}{C_e}\right)\right]^2\right\} \tag{1.4}$$

式中,Q_e 为平衡时的吸附量,单位为 mg/g;C_e 为平衡时的浓度,单位为 mg/L;Q_D 为吸附剂最大吸附量,单位为 mg/g;A_D 为吸附常数。

4. Temkin 等温吸附模型

Temkin 吸附模型建立在 Langmuir 和 Freundlich 等温吸附模型基础上,是考虑到吸附热随吸附量线性降低而建立的吸附等温模型。在吸附过程中,被吸附的吸附质间会发生相互作用,进而减少吸附剂的有效面积,对吸附能量产生影响。[6] 非线性 Temkin 吸附等温方程为

$$Q_e = A_T + B_T \ln C_e \tag{1.5}$$

式中,Q_e 为平衡时的吸附量,单位为 mg/g;C_e 为平衡时的浓度,单位为 mg/L;A_T 和 B_T 分别为吸附等温模型中的参数。

1.3　吸附动力学理论

1.3.1　吸附速率及影响因素

吸附动力学主要研究吸附质在吸附剂颗粒内的扩散性能,通过测定吸附速率,可计算微孔扩散系数,进而推算吸附活化能。实际物理吸附发生很快(毫秒达到平衡),但吸附质从流体主体到吸附剂的吸附点位吸附,需有一定时间,此过程通常称为吸附动力学过程。影响吸附质传质阻力的因素有吸附剂外面的流体界面膜、吸附剂内的大孔和微孔扩散(孔和表面扩散)以及吸附引起的温度变化。在等温条件下,多孔吸附剂的吸附可以分为 3 个基本过程,即外扩散、内扩散和表面吸附。[7]

(1) 外扩散:吸附质分子在粒子表面的流体界面膜中的扩散。

(2) 内扩散:细孔扩散和表面扩散,细孔扩散是吸附质分子在细孔内的气相中扩散,表面扩散是已经吸附在孔壁上的分子在不离开孔壁的状态下转移到相邻的吸附点位上。

(3) 表面吸附:吸附质分子被吸附在细孔内的吸附点位上。

因此,吸附质在吸附剂上的吸附速率由吸附质分子在吸附剂粒子表面界面膜中的移动速率、粒子内的扩散速率、粒子内细孔表面的吸附速率等几个速率控制。吸附过程的总速率取决于最慢阶段的速率。吸附速率是评估吸附效率的重要标准之一。吸附动力学不仅可以估算吸附速率,而且可以推测吸附机理,适宜的动力学模型可以很好地对实验数据进行拟合,得到的动力学参数对于生产过程具有重要意义。

1.3.2　常用的吸附动力学模型

伪一级动力学模型、伪二级动力学模型和颗粒内扩散模型是研究吸附动力学的经典模型,主要用于确定吸附过程中物质的转移及物理化学反应的速率控制步骤,常用于对静态吸附方法测得的吸附速率曲线进行拟合计算。吸附动力学常数 K 可用于判断吸附速率的快慢。颗粒内扩散模型拟合图为三段式非线性图,说明吸附是一个连续性的分段过程。第一阶段的线性吸附与表层扩散有关,第二阶段为粒内扩散过程,第三阶段是吸附与脱附的平衡动态过程。

1. 伪一级吸附动力学模型

伪一级吸附动力学模型是基于假定吸附受扩散步骤控制,由 Lagergren 提出的最早用来描述吸附速率的模型。该模型是用于描述吸附过程中吸附速率与吸附剂浓度之间关系的数学模型。该模型假设在吸附过程中,吸附速率与吸附剂表面未被占用的吸附位点的数量或吸附剂的浓度呈线性关系,属于物理吸附。[8]该模型通过数学表达式描述吸附速率随时间的变化规律,可用于实验数据的拟合和分析,得到吸附过程的速率常数(K_1)和平衡吸附量(Q_e),从而评估吸附剂的吸附性能和效率。伪一级吸附动力学模型的非线性数学表达式为

$$Q_t = Q_e(1 - e^{-K_1 t}) \tag{1.6}$$

式中,Q_e为平衡吸附量,单位为 mg/g;K_1为伪一级吸附速率常数;Q_t为 t 时刻的吸附量,单位为 mg/g;t 为反应时间,单位为 min。

2. 伪二级吸附动力学模型

伪二级吸附动力学模型是用于描述吸附过程中吸附速率行为的数学模型,是一种化学动力学模型。模型假设吸附速率由吸附剂表面未被占据的吸附空位数目的平方决定,也可以理解为吸附量随时间的变化率与当前吸附量(Q_t)和平衡吸附量(Q_e)之间的差值平方成正比。该模型表征吸附过程由物理扩散过程和化学吸附两部分组成,但主要受化学吸附机理的控制,这种化学吸附涉及吸附剂与吸附质之间的电子共用或电子转移。通过实验数据拟合伪二级吸附动力学模型,可以得到吸附过程的速率常数和平衡吸附量等关键参数,从而预测和评估吸附剂的吸附性能。[8]伪二级吸附动力学模型的非线性数学表达式为

$$Q_t = \frac{Q_e^2 K_2 t}{1 + Q_e K_2 t} \tag{1.7}$$

式中,Q_t为 t 时间的吸附量,单位为 mg/g;t 是反应时间,单位为 min;Q_e为平衡吸附量,单位为 mg/g;K_2为伪二级吸附速率常数。

3. 颗粒内扩散模型

颗粒内扩散模型是用于描述吸附质在颗粒内部扩散过程的数学模型,主要关注吸附质从液相或气相中通过颗粒边界进入颗粒内部,并揭示在颗粒内部扩散和吸附的传递机制和规律。这一过程通常受到颗粒内部孔隙结构、吸附剂表面性质、吸附质浓度梯度以及扩散系数等因素的影响。在上述吸附过程的三个阶段中,每个阶段吸附质在吸附剂中所遇到的阻力不同,颗粒内扩散速率常数能够反映每一阶段吸附的快慢程度,因此通常使用颗粒内扩散模型考察吸附过程速率快慢的控制步骤。颗粒内扩散模型假设颗粒是均质的,即颗粒内部的物质分布是均匀的,且内部物质的扩散被看作是理想的,满足菲克定律,即颗粒内部物质的扩散速率与浓度梯度成正比。[9]通常,按照吸附过程的三个阶段,将吸附数据分成三段,用颗粒内扩散模型拟合处理,再通过颗粒内扩散速率常数确定吸附速率的控制步骤。颗粒内扩散模型的线性数学表达式为

$$Q_t = K_n t^{1/2} + C \tag{1.8}$$

式中,Q_t是不同时间的吸附量,单位为 mg/g;t 是吸附时间,单位为 min;K_n 是颗

粒内扩散速率常数；C 代表常数。

1.4　吸附热力学理论

吸附热力学研究吸附过程中能量变化和平衡关系。它主要关注吸附剂与吸附质之间的相互作用，以及这些相互作用如何影响吸附过程的焓变（ΔH）、熵变（ΔS）、吉布斯自由能变（ΔG）和活化能（E_a）等热力学参数，对判断吸附反应机理具有重要意义。[10] 吸附剂和吸附质之间的相互作用力可归结为范德华力、静电引力、疏水键力、氢键力、偶极间作用力和化学键力等，这些力的共同作用决定吸附的强弱、选择性及吸附过程的特性。

1.4.1　焓变（ΔH）及其计算

焓变是指在吸附过程中，由于吸附剂与吸附质之间发生相互作用，导致系统内部能量的变化，是吸附剂与吸附质之间各种作用力同时作用的结果。吸附过程焓变能够帮助我们理解吸附过程中能量的转换和转移情况，从而进一步了解吸附过程的热力学性质。普遍认为，ΔH 值可以区分是放热反应（$\Delta H < 0$）还是吸热反应（$\Delta H > 0$），也能够判断是物理吸附（$0 \sim 20$ kJ/mol）还是化学吸附（$60 \sim 200$ kJ/mol）。

吸附过程中的焓变可通过吸附速率常数（K_d）与系统温度（T）之间的关系计算。可以由范德霍夫公式（式（1.9）和式（1.10））拟合实验数据，由吸附速率常数的对数（$\ln K_d$）与温度倒数 $1/T$ 之间的关系拟合得到的线性方程的斜率和截距计算。[11] 该拟合直线的斜率即为吸附过程的焓变：

$$\ln K_d = -\frac{\Delta H}{RT} + \frac{\Delta S}{R} \tag{1.9}$$

$$K_d = \frac{Q_e}{C_e} \tag{1.10}$$

1.4.2　熵变（ΔS）及其计算

吸附过程熵变是指在吸附过程中，由于吸附剂与吸附质之间相互作用导致系统混乱度或无序度变化的物理量，是吸附过程中重要的热力学参数，有助于判断吸附过程的类型、是否为自发进行以及过程中能量和混乱度的变化情况。熵变较小表示吸附过程以物理吸附为主，熵变较大表示吸附过程以化学吸附为主。也可以通过比较不同吸附剂或吸附质之间的熵变的差异，预测它们在相同条件下的吸附行为差异，为实际应用提供指导。熵变的计算公式可用式(1.9)。

1.4.3　吉布斯自由能变(ΔG)及其计算

吸附过程的吉布斯自由能变是指在恒定的温度和压力下，吸附前后系统吉布斯自由能的变化量，能反映吸附进行的难易程度。吉布斯自由能变的大小和符号反映吸附质与吸附剂之间相互作用的强度和类型。吉布斯自由能变为负值($\Delta G < 0$)时，可能表明吸附质与吸附剂之间存在较强的相互作用，吸附过程可自发进行。相反，吉布斯自由能变为正值($\Delta G > 0$)时，表示吸附过程非自发，需要外界做功。吉布斯自由能变值在$-20\sim0$ kJ/mol 之间，可以判断该吸附过程是物理吸附，在$-400\sim-80$ kJ/mol 之间可以判断为化学吸附。[12]吸附过程的吉布斯自由能变由

$$\Delta G = -RT \ln K_{\mathrm{d}} \tag{1.11}$$

计算。

1.4.4　活化能(E_{a})及其计算

吸附过程的活化能是指在体系能量对吸附质到吸附剂表面距离的势能曲线上，分子吸附(物理吸附)势能曲线与各个原子吸附(解离化学吸附)势能曲线的交点处能量值。这个能量值代表了分子解离化学吸附所需的活化能。当吸附分子吸收了活化能后，便达到活化态，进而进行放热过程。较高的吸附活化能意味着在吸附过程中需要的能量较多，吸附反应相对困难，而较低的吸附活化能则表示吸附过程较为容易。吸附过程的活化能(E_{a})是反应速率常数与温度的函数，可通过由Arrhenius 在 1889 年提出的速率常数与温度关系的经验公式

$$\ln K = \ln A - \frac{E_{\mathrm{a}}}{RT} \tag{1.12}$$

计算。活化能 E_{a} 值在 $5\sim40$ kJ/mol 范围内为物理吸附，在 $40\sim800$ kJ/mol 范围内为化学吸附。[12]

式(1.9)～式(1.12)中，R 为气体常数，取 8.314 J/(mol・K)；T 为热力学温度，单位为 K；ΔG 为吸附自由能变，单位为 kJ/mol；ΔH 为吸附焓变，单位为 kJ/mol；ΔS 为吸附熵变，单位为 J/(mol・K)；K_{d} 为吸附平衡常数；A 为指前因子；Q_{e} 为平衡吸附量，单位为 mg/g；C_{e} 为平衡浓度，单位为 mg/L。

1.5　动　态　吸　附

动态吸附(dynamic adsorption)是相对于静态吸附而言的,是指把一定量的吸附剂填充在吸附柱中,让一定量的含吸附质的溶液或气体流动通过吸附剂,使吸附质固定在吸附剂上的连续吸附现象。吸附量受到吸附剂的含量的大小(吸附柱的高度)外,还受到吸附质流动速度、被分离组分的含量、流动时间、温度和湿度等因素的影响,常用于某种吸附剂在实际应用过程中的运行参数的优化。

1.5.1　固定床吸附

固定床吸附法是将吸附剂固定填充在吸附柱或吸附塔内,含有吸附质(污染物)的流体(气体或溶液)从床层的一端进入,通过吸附剂层再从床层的另一端流出。因此,首先吸附饱和的应是靠近进样口一端的吸附剂床层,随着吸附的进行,整个床层会逐渐被吸附质饱和,从床层末端流出。当含有吸附质的溶液通过固定床出口时的浓度与进口处的浓度一样时,说明吸附床中的吸附量已达到饱和,完成了一个吸附过程。

固定床吸附研究是模拟实际水处理过程的研究方法之一,是将实验室研究成果与实际应用连接起来的桥梁。固定床吸附的工作过程可用穿透曲线来表示,其中纵坐标为出水中吸附质浓度或出水与进水浓度比(C_t/C_0)、横坐标为吸附时间或溶液出水水量,如图 1.1 所示。当溶液流过吸附柱时,吸附质逐渐被吸附,在上

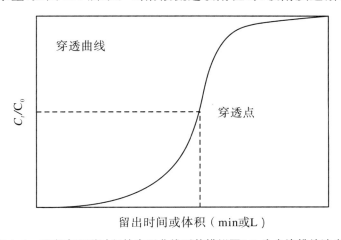

图 1.1　固定床吸附过程的穿透曲线形状模拟图(C_t 为允许排放浓度)

部的吸附剂达到饱和状态后不再起吸附作用。当吸附带的下缘达到柱底部后,出水中吸附质浓度开始迅速上升,吸附质浓度到达允许排水浓度(如污染物允许排放的浓度)时对应的点叫吸附穿透点,对应的时间叫穿透时间。当出水浓度到达进水浓度的 95%～99% 时,可认为吸附床丧失吸附能力,即达到吸附终点。由于穿透曲线易于测定和标绘出来,因此能准确地求出穿透点和吸附终点。如果穿透曲线比较陡,说明吸附过程比较快,反之则速度较慢。如果穿透曲线是一条竖直的直线,则说明吸附过程是飞快的。

1.5.2　典型动态吸附模型简介

为模拟和预测固定床内的动态吸附行为和规律,学者们基于各种假设提出多种吸附数学模型,如 BDST(bed depth service time)、Thomas、Yoon-Nelson 模型[13]等,对实验数据进行拟合,验证这些数学模型预测整个吸附过程的准确性,包括吸附量、吸附耗尽时间、吸附的穿透时间等,以便后期用该模型预测或优化实际水处理过程的运行参数。但由于固定床内固液相的浓度在时间和空间上均发生变化,所以寻找一个能准确模拟穿透曲线并给出特定操作条件下吸附容量的模型是非常困难的。

1. BDST 模型

吸附柱的高度和吸附时间对固定床动态吸附过程影响很大。BDST 是由 Adams-Bohart 提出的,一种用于描述和预测动态吸附过程中吸附床高度(bed depth)与穿透时间(service time)之间关系的数学模型。该模型认为,吸附过程的吸附速率由吸附质质量浓度和未使用的吸附剂容量之间的表面反应决定,内部扩散和质量传递间阻力可以忽略不计。BDST 模型最大的优点是无须开展实验,仅通过不同柱高的穿透曲线数据,就可预测不同浓度和流速下的穿透时间,预测和评估吸附剂的吸附性能。[14]对于实际应用中的设计初始运行条件有一定指导价值。BDST 模型的线性表达式为

$$t = \frac{N_0}{C_0 v}H - \frac{1}{C_0 K}\ln\left(\frac{C_0}{C_t} - 1\right) \tag{1.13}$$

式中,t 为反应时间,单位为 min;N_0 为吸附柱的吸附容量,单位为 mg/L;C_0 为溶液初始浓度,单位为 mg/L;H 为吸附柱的高度,单位为 cm;K 为 BDST 模型的速率常数,单位为 L/(min·mg);C_t 为溶液在 t 时间的出水浓度,单位为 mg/L;v 为空柱流速,单位为 cm/min。

令 $a = \dfrac{N_0}{C_0 v}$,$b = \dfrac{1}{C_0 K}\ln\left(\dfrac{C_0}{C_t} - 1\right)$,则式(1.13)可简化为

$$t = aH - b \tag{1.14}$$

吸附时间与柱高呈线性关系。

为验证 BDST 模型对吸附过程预测的准确性,可用实际的穿透时间与理论穿透时间的误差计算公式计算误差:

$$\varepsilon = \frac{\sum_{i=1}^{N} \left| \dfrac{t_{b(实际)} - t_{b(理论)}}{t_{b(理论)}} \right|}{N} \times 100\% \tag{1.15}$$

式中,$t_{b(实际)}$ 和 $t_{b(理论)}$ 分别是出水溶液浓度达到穿透点时对应的实际时间和理论时间,N 为数据的个数。

2. Thomas 模型

Thomas 模型在 1944 年由 Thomas 提出,在描述柱状吸附床中污染物的穿透曲线及评估吸附剂对污染物的吸附性能中有广泛的应用的数学模型。可描述吸附质在吸附剂上的吸附过程,计算吸附质的平衡吸附量,吸附速率常数和吸附柱的穿透时间等关键参数。[14] 该模型假设吸附过程符合 Langmuir 等温吸附模型和伪二级吸附动力学模型,且吸附过程中的内部扩散和外部扩散可忽略。如果说,Langmuir 等温吸附模型是计算静态吸附的最大理论吸附量的模型,那么 Thomas 模型是计算动态吸附的最大理论吸附量的模型。

Thomas 模型的指数表达式为

$$\frac{C_t}{C_0} = \frac{1}{1 + \exp\left(\dfrac{K_{Th}\, q_{Th}\, m}{v} - K_{Th}\, C_0\, t\right)} \tag{1.16}$$

式中,K_{Th} 为 Thomas 模型的吸附速率常数,单位为 mL/(min・mg);q_{Th} 为 Thomas 平衡吸附量,单位为 mg/g;m 为吸附剂的总量,单位为 g;v 为系统运行流速,单位为 mL/min;t 为吸附过程总耗时间,单位为 min。

3. Yoon-Nelson 模型

Yoon-Nelson 模型是 Yoon 和 Nelson 研究得出的半经验公式,通常用来研究气体吸附质在固定床上动态吸附的穿透规律,也广泛用于液体吸附。该模型假设吸附过程速率下降的概率和吸附质被吸附的概率及吸附质穿透的概率成正相关,且忽略了吸附质的特性、吸附剂的类型及固定吸附床的物理性质,计算形式简单[14],可用来预测动态吸附柱中吸附质出水浓度达到初始浓度一半(50%)时所用的时间(τ,单位为 min)、吸附量和吸附速率常数。

Yoon-Nelson 模型的表达式为

$$\frac{C_t}{C_0} = \frac{\exp(tk_{YN} - \tau_{YN})}{1 + \exp(tk_{YN} - \tau_{YN})} \tag{1.17}$$

该模型的理论单位吸附量可由

$$q_{YN} = \frac{c_0 v \tau}{1000 m} \tag{1.18}$$

得出。式(1.17)和式(1.18)中,k_{YN} 为 Yoon-Nelson 速率常数,单位为 L/min;τ_{YN} 为出水吸附质浓度达到进水吸附质浓度一半时需要的时间,单位为 min;q_{YN} 为理论单位吸附量,单位为 g/g。

1.5.3　人工神经网络模型

人工神经网络(artificial neural network,ANN)是以生物神经网络(BNN)为基础,通过模拟其结构和功能构建的数学模型。该模型构建了一个由大量处理单元相互连接而成的复杂网络,这种独特的网络结构体现了人脑功能的基本特性。人工神经网络模型作为一种快速发展的技术,因为不依赖现象学机制性质的假设,也不依赖对底层过程数学背景的理解,所以适合用于处理极端非线性系统。[15]神经元作为神经网络的基本处理单元,是多输入、单输出的非线性元件(图 1.2)。大量神经元连接形成的复杂非线性动态系统,在自学习、自组织、联想记忆和容错性方面具有优越的性能。[16]前馈结构,也称为多层感知(MLP),是系统中应用最为广泛的人工神经网络模型,其中 BP(back propagation)网络是最具代表性的一种带有隐藏层的多层前馈网络,已经成功地用于模拟污染物的吸附去除过程,成为比实验室测量更准确、更节省时间的方法。

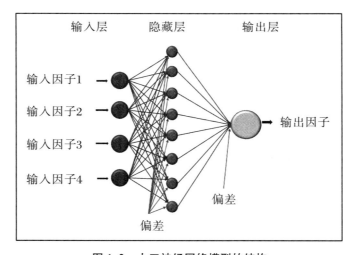

图 1.2　人工神经网络模型的结构

ANN 模型的设计主要涉及输入层、隐藏层、输出层和连接权值和偏置、激活函数和求和节点等。[15-16]神经网络模型通常基于大量的实验数据进行训练,没有特定的数学公式。但网络结构(如层数、神经元数量等)和训练算法(如反向传播算法)是模型的关键组成部分。通过 Levenberg-Marquardt 算法对其进行训练,采用tan-sigmoid 和线性传递函数作为激活函数,使用 MATLAB 的神经网络工具箱(R2023b)ⓒ建模计算。将实验数据按比例划分为 0～1 范围内的训练(70%)、验证(15%)和测试(15%)三个子集。训练周期的最大历元设置为 1000～3000 不等。

均方误差（MSE）和决定系数（R^2）用于评估训练、验证和测试性能的准确性，分别用

$$\text{MES} = \frac{1}{n} \sum_{i=1}^{n} (y_i - \hat{y}_i)^2 \qquad (1.19)$$

$$R^2 = 1 - \frac{\sum_{i=1}^{n} (y_i - \hat{y}_i)^2}{\sum_{i=1}^{n} (y_i - \bar{y}_i)} \qquad (1.20)$$

计算。式中，n 为数据个数；y_i、$\hat{y}_i$ 和 $\bar{y}_i$ 分别为预测、实验和实验平均输出值。均方误差是衡量预测值与真实值之间的平均平方差异，MSE 越小，模型的预测精度更高。均方误差最小的训练、验证和测试次数是最优的模拟条件，也可以用拟合的决定系数 R^2 表示。决定系数 R^2 是衡量回归模型对因变量变异性解释程度的指标，它的取值范围在 0 到 1 之间，越接近 1 表示回归模型对因变量的解释能力越强。

参 考 文 献

［1］　马正飞，刘晓勤，姚虎卿，等. 吸附理论与吸附分离技术的进展[J]. 南京工业大学学报（自然科学版），2006，28(1)：100-106.

［2］　王旭珍，王新葵，王新平. 基础物理化学[M]. 北京：高等教育出版社，2021.

［3］　李佶衡，彭良琼，郭丽君，等. 固液吸附等温线模型与热力学参数计算[J]. 皮革科学与工程，2023，33(6)：36-43.

［4］　al-Ghouti M，Da'ana D. Guidelines for the use and interpretation of adsorption isotherm models：a review［J］. Journal of Hazardous Materials，2020，393：122383-122404.

［5］　Foo K Y，Hameed B H. Insights into the modeling of adsorption isotherm systems[J]. Chemical Engineering Journal. 2010，156(1)：2-10.

［6］　Ding W，Bai S，Mu H，et al. Investigation of phosphate removal from aqueous solution by both coal gangues[J]. Water Science & Technology，2017，76(4)：785-792.

［7］　Rengaraj S，Kim Y，Joo C K，et al. Removal of copper from aqueous solution by aminated and protonated mesoporous aluminas：kinetics and equilibrium[J]. Journal of Colloid & Interface Science. 2004，273 (1)：14-15.

［8］　Wibowo E，Rokhmat M，Sutisna，et al. Reduction of seawater salinity by natural zeolite（Clinoptilolite）：adsorption isotherms，thermodynamics and kinetics［J］. Desalination. 2017，409：146-56.

［9］　丁伟. 硼选择性吸附剂的制备及其吸附性能研究[D]. 呼和浩特：内蒙古大学，2018.

［10］　李佳欣，吕纬，崔红艳等. 吸附热力学的意义改性树脂吸附硼的动力学和热力学研究[J]. 安全与环境工程，2020，27(5)：42-48.

［11］　王宝贝，蒲洋，林丽芹，等. 离子交换树脂对 D-甘油酸的吸附热力学和动力学[J]. 化工

学报. 2016，67(11)：4671-4677.

[12] 张玲玲，选择性吸附去除硅酸的研究[D]. 呼和浩特：内蒙古大学，2017.

[13] Juela D，Vera M，Cruzat，C，et al. Mathematical modeling and numerical simulation of sulfamethoxazole adsorption onto sugarcane bagasse in a fixed-bed column［J］. Chemosphere，2021，280：130687.

[14] Ang T N，Young B R，Taylor M，et al. Breakthrough analysis of continuous fixed-bed adsorption of sevoflurane using activated carbons[J]. Chemosphere，2020，239，124839.

[15] Bai S，Li J，Ding W，et al. Removal of boron by a modified resin in fixed bed column：Breakthrough curve analysis using dynamic adsorption models and artificial neural network model[J]. Chemosphere，2022，296：134021.

[16] AbdMunaf A H. Artificial Neural Network（ANN）modeling for tetracycline adsorption on rice husk using continuous system［J］. Desalination and Water Treatment，2024，317：100026.

第 2 章　改性树脂动态吸附去除水中非金属无机污染物硼化物研究

2.1　研究背景及意义

随着世界人口的快速增长、工农业的不断发展,人类对水资源的需求量越来越大,造成淡水资源短缺严重。专家预测,到 21 世纪上半叶,世界上将有 25 亿人面临水资源短缺问题。[1]因此,将海水和污水处理成淡水作为饮用水和灌溉水源已成为当今研究的热点。随着含硼产品在玻璃、半导体、医药、肥料、火箭燃料和核工业中的广泛使用,地表水和地下水中硼化物的浓度逐渐增加,平均浓度波动在 0.1～5 mg/L 和 0.3～100 mg/L 范围之内。[2]高浓度硼化物的存在妨碍了将天然水直接用作灌溉用水或饮用水,并造成化学污染和环境问题。如果动植物长期接触受硼污染的水,可能导致人类神经和生殖系统疾病,并抑制植物的根系分裂和生长。因此,世界卫生组织(WHO)建议饮用水和灌溉水中的硼浓度(以 B 计算的浓度)不应超过 2.4 mg/L 和 1.0 mg/L,而许多国家制定了更严格的标准。[3]在严格的环境法规和公众健康的关注下,淡水资源中硼含量的控制越来越被重视。

2.1.1　硼元素简介

1. 硼元素的分布及水体中的存在形式

硼是一种非金属的微量元素,广泛分布在岩石圈和水圈,具体含量随环境的变化而变化。在地壳中,硼的含量在 10～300 mg/kg 之间,平均含量为 30 mg/kg;在海水中,硼的含量在 4～6 mg/L 之间,平均含量为 5.0 mg/L;欧洲地表水中硼含量较高,在 10～1000 mg/L 之间,在一些活火山和地热水中,硼浓度更高,可达 119 mg/L。[4]硼属于缺电子的元素,通常会与高电负性的氧、氟等原子形成三到四个共价键。在自然界中硼的主要存在形式是硼酸、硼酸盐及硼硅酸盐矿物,不存在单质硼。在水体中,硼通常以硼酸和硼酸根离子的形式存在,两者的准确占比由所在水环境具体的 pH 决定。当 pH<7 时,硼主要以分子态硼酸的形式存在;当 pH>10.5 时,主要以解离态的硼酸根形式存在。硼酸的电离常数 K_a 为 9.24,在水中发生水解反应形成硼酸根和氢离子,水溶液呈弱酸性。当水体中的硼含量低于216 mg/L时,硼酸根和硼酸是主要的存在形式;当水中的硼浓度高于290 mg/L且pH为中性时,硼酸分子之间会形成多种聚合物,如$B_2O(OH)_6^{2-}$、$B_3O_3(OH)_4^{-}$、$B_4O_5(OH)_4^{-}$和$B_5O_6(OH)_4^{-}$。由于大部分情况下硼的含量低于可发生聚合的浓度,因此目前除硼的研究主要以去除硼酸根和硼酸为主(图2.1)。

$$B(OH)_3 + H_2O \longleftrightarrow B(OH)_4^{-} + H^{+}$$

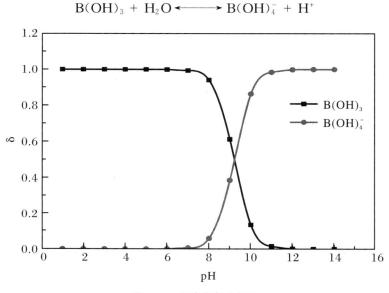

图 2.1　硼酸分布分数图

2. 硼的危害

硼元素是动植物所必需的元素。硼参与植物体碳水化合物的代谢过程,在糖转运、激素作用、核酸合成中起着关键作用,也是人体骨骼结构钙的代谢和利用中所必需的微量元素。[5]硼也是玻璃、陶瓷、医药和核能源等工业生产过程中必不可少的原料。随着我国工业、农业、核工业领域的高速发展,对硼元素的需求日益增加,导致硼污染现象愈发严重,不仅对植物产生了一定的危害,对动物甚至对人类也造成了巨大的威胁。

高浓度含硼土壤或灌溉水不仅会导致植物叶片发黄,削弱光合作用、影响根系发育、降低产量,还因硼元素可与土壤中的铅、铜、铬等离子发生配位反应,产生的二次污染对周边的植被和土壤造成危害。[5]有研究报道,在硼浓度高的环境下培养蔬菜,一段时间后蔬菜的根系变褐色,变少变短;在高硼的土壤环境下种植番茄,每提高$0.1\ mol/m^3$的硼含量,会导致番茄产量降低3.1%;[6]被高浓度含硼水体灌溉后,绿豆和葡萄的叶子会发黄且枯落。[7]在澳大利亚南部、亚洲西部及非洲北部等地区,因高浓度的含硼土壤严重威胁农作物的产量,这些地方已将硼列入影响作物生长的重要因子,并依照植物对硼的耐受性对植物进行了分类。[8]在我国,对水中硼含量的接受范围在 0.3～1.0 mg/L 的植物为敏感性作物;接受范围为 2 mg/L 左右的为较敏感作物;接受含量高达 3 mg/L 的为硼强耐受性作物。[9]

硼元素在动物的生长发育中有很大作用,但过量摄取会对人体的中枢神经系统及生殖系统造成伤害,会引发妇女产生不孕、流产、妊娠并发症及胎儿先天畸形的风险等。[10]因此世界卫生组织提出建议,成人每天摄取的硼含量应在 0.16 μg/g 以内,若摄入量超过 500 mg/天,可能引发恶心、腹泻、厌食等症状。考虑到硼的危害,各国也对饮用水中允许的最高硼浓度做出了规定,世界卫生组织于 1993 年规定饮用水中的硼浓度不得高于 0.3 mg/L,于 2011 年将饮用水中硼的浓度规定调整到 2.4 mg/L 以下;[11]日本、韩国和欧盟规定饮用水中硼含量的最高值不得超过 1.0 mg/L,美国规定饮用水中硼的允许浓度在 0.6～1.0 mg/L 之间[12],我国生活饮用水卫生标准(GB 5749—2006)中则将硼含量限制在 0.5 mg/L 以下。鉴于过量硼元素对动植物的毒害及对人体健康的威胁,采用合适且高效的方法控制硼含量对生物体的生存和发展有重大意义。

2.1.2　水体硼污染控制技术简介

水体硼污染控制技术有化学沉淀法、反渗透膜法、电渗析法、吸附法等。

1. 化学沉淀法

化学沉淀法包括酸沉淀和碱沉淀法两种。酸沉淀是向水中加酸降低硼酸根的溶解度,进而转化成硼酸结晶析出的方法。碱沉淀法则使用氧化镁、石灰乳等物质使硼酸根形成硼酸盐,经沉淀过滤实现分离硼的目的。常用的沉淀剂主要有聚乙烯醇、羟基羧酸等有机沉淀剂和矿石、氧化物、氢氧化物等无机沉淀剂。肖景波等人采用酸化-冷冻-溶液固硼的工艺提取卤水中的硼,对卤水中硼的去除率达到 96.59 %;[13]张兴儒等在硼含量为 3.152% 的母液中加入石灰乳除硼,发现固硼率随 pH 及反应温度的升高而增大,最高除硼率可达 97.15%。[14]但该法仅适用于硼浓度高的水体,否则会导致回收过程耗酸多,得到的产品质量差,经济效益明显降低。

2. 反渗透膜法

反渗透膜法(RO)是在施加外力时,水分子逆着浓度差透过选择性半透膜,除水分子以外的其他成分则被截留在膜的另一侧,从而实现分离的目的。因该技术具有设备简单、运行稳定和占用空间小等优点,全球近 50% 的海水淡化厂用该法除硼。为降低溶液 pH、外加压力和膜种类对除硼效率的影响,多级 RO 系统及新型的 SWRO 膜被很多研究者采用。如:TM820 系列的 SWRO 在 pH = 8 的溶液里可截留 91% 以上的硼;SW30 系列的 SWRO 在相同 pH 下可截留海水中 87% 以上的硼;SWC 系列的 SWRO 在中性环境下对硼截留率最高可达 95%。[15]但在截留硼的过程中容易产生膜堵塞及膜污染现象,限制了该法在除硼污染控制工艺中的应用。

3. 电渗析法

电渗析法是施加外电场,在电势梯度的驱动力下,依据离子交换膜的选择透过性实现物质分离的方法。离子交换膜可细分为阳膜和阴膜,阳膜只允许阳离子通过,阴膜则相反。Kabay 等用 Neosepta 阴、阳膜进行除硼发现,当溶液 pH 从 9 升到 10.5 时,对硼的去除效率由 20% 提高到 80%。[16] Melnik 等人用该法去除 pH 为 5.5,含硼 1.5～4.0 mg/L 的水体中的硼,发现除硼率高达 87%。[17] 但该法的除硼效率受电压、膜种类、溶液 pH 及初始硼浓度的影响,且因耗能高,在现场推广有一定的难度。

4. 吸附法

常见的吸附剂有尾矿、黏土、飞灰等天然物质,也包括纳米铁氧化物颗粒、复合硅烷凝胶体、镁氧化物和高分子树脂等人工合成的吸附剂。天然吸附剂虽成本低廉,但吸附能力较弱,且不易再生,在实际应用中受到限制。因此,对硼元素具有选择性吸附性能的吸附剂得到了关注。虽然,树脂是广泛应用于水处理领域的吸附剂,但它的选择性差,易受共存离子的干扰,因此对硼有选择性吸附的改性树脂成为目前研究的热点。硼选择性树脂通常是用含多羟基官能团的物质进行改性的树脂,使官能团与硼酸通过共价连接形成稳定配合物,进而吸附去除硼酸。常见的多羟基物质有壳聚糖、山梨醇、N-甲基-D-葡萄糖胺、氨基-2-丙二醇、亚氨基丙烯乙二醇、氨基-2-丙二醇和铬变酸等。[18] 胡晶晶分别用没食子酸和 2,3-二羟基萘-6-磺酸钠改性树脂吸硼,吸附量分别为 0.67 和 0.39 mmol/g。[19] 丁伟通过嫁接法合成了试钛灵型树脂,通过静态吸附法在 pH=8 条件下对 5 mg/L 硼酸进行吸附研究表明,该树脂对硼的吸附量为 2.56 mg/g,用 Langmuir 模型计算出的最大理论吸附量可达 20.87 mg/g,吸附量优于市面上的大部分吸附剂,提出了该树脂的应用潜力。[20] 虽然静态实验研究可以提供有关吸附效率的基本信息,但优化的实验室工作参数与实际应用之间还是存在一定的差距。固定床柱吸附技术是动态吸附过程,实验过程具有可连续性,比较接近实际生产状态,可以为研究结果放大到实际应用提供有价值的信息,起到实验室规模与实际应用之间的桥梁连接作用。因此,动态吸附研究在水体污染物控制领域越来越受到关注。

2.1.3　研究目的及研究内容

硼元素在动植物的生长和发育中必不可少。过量的摄入硼元素不仅会导致植物叶片发黄,影响光合作用、降低产量,还会对人体的中枢神经系统及生殖系统造成伤害,尤其容易引起妇女不孕甚至流产等现象。因此,控制水体中的硼含量尤为重要。改性树脂吸附法因吸附效果好、易于操作、可再生等优点成为当前水体除硼中应用最广泛的方法。但在除硼过程中,存在于水体的其他离子产生竞争,会对改性树脂吸附硼酸的过程产生影响。因此,本研究的目的是寻找一种合适的物质对树脂进行改性,期望新树脂对有毒元素硼具有很好的选择性去除效果。

因此,本章的研究内容包括硼选择性吸附树脂的制备,组建动态吸附装置对硼酸进行动态吸附,确定最优吸附条件;结合动态吸附模型 BDST、Thomas、Yoon-Nelson 及人工神经网络模型对未知条件下的突破时间、理论吸附量等进行预测;在最佳条件下探究选择性吸附树脂对硼酸的循环吸附性能,计算该树脂的生命周期及成本;分析吸附机理;最后结合实际水体中各种离子的含量,将树脂应用于模拟水体中硼酸的吸附,并采集实际水体用于实验,为新树脂的实际应用与推广提供理论支持。本研究的创新点是将大众化的静态吸附研究过渡到动态吸附上,且将树脂应用于模拟水体与实际水体中,为实验室工作与实际操作运行过程搭建了桥梁。

具体内容如下:

第一部分:试钛灵型树脂制备条件的优化及表征。本研究选择了分子结构中具有邻位酚羟基官能团试钛灵(邻苯二酚-3,5-二磺酸钠)作为改性剂,嫁接在强碱型阴离子交换树脂上制备硼选择性吸附剂,其结构式见图 2.2。用试钛灵改性的树脂称为试钛灵型树脂。

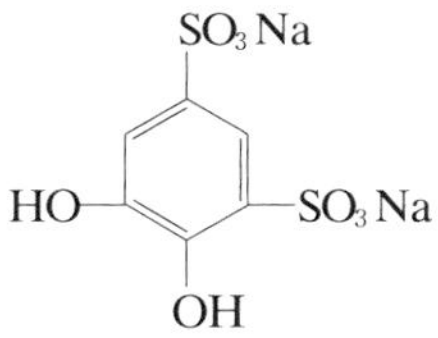

图 2.2 试钛灵的分子结构

第二部分:探究试钛灵型树脂对硼酸的动态吸附性能。分别改变运行过程的流速、浓度、柱高,结合吸附量、吸附时间及去除率确定最佳吸附条件。用典型的动态吸附模型 BDST、Thomas、Yoon-Nelson 及 ANN 智能模型对实验数据进行拟合,预测未知条件下的突破时间、理论吸附量等。在最佳条件下探究试钛灵型树脂对硼酸的循环吸附性能并计算树脂的生命周期。

第三部分:探究试钛灵型树脂吸附硼的吸附机理。用固体核磁共振法(solid state nuclear magnetic resonance,SSNMR)测定吸附硼前后的试钛灵型树脂的 ^{11}B CP MAS NMR 波谱,分析硼元素在树脂上的吸附状态。

第四部分:探究试钛灵型树脂在模拟水体及在实际水体中的应用可行性。结合实际水体中各成分的含量,配置模拟水体,在最佳吸附条件下用试钛灵型树脂进行吸附实验,探究有离子共存情况下树脂对硼酸的吸附性能。采集二连浩特的盐湖水,用试钛灵型树脂吸附盐湖水中的硼,评价树脂实际应用的可行性,为其在实际水体中的推广利用提供理论支持。

2.2 改性树脂动态吸附硼酸的性能

2.2.1 改性树脂的制备

1. 实验材料

本实验所用的吸附剂以购于上海某公司的强碱型阴离子交换树脂(Amberlite ⓒ IRA402-Cl)为基体,以试钛灵为改性剂,将试钛灵嫁接在该强碱性阴离子交换树脂上得到试钛灵型改性树脂。实验用的溶液均用超纯水设置。

实验所用溶液的制备如下:

(1) 1 mol/L 氢氧化钠溶液:称取 4.0000 g 氢氧化钠固体溶解后定容至 100 mL容量瓶。

(2) 10% 盐酸溶液:取 27 mL 浓盐酸到 100 mL 容量瓶中,定容。

(3) 50 mmol/L 的邻苯二酚-3,5-二磺酸钠(试钛灵)储备液:称取 3.3220 g 试钛灵固体,加少量水溶解后定容于 200 mL 容量瓶中。

2. 试钛灵型树脂的制备

(1) 强碱型阴离子交换树脂预处理

购买的 Amberlite ⓒ IRA402-Cl 新树脂可能含有杂质,使用前要进行预处理。

① 在室温下使用超纯水浸泡振荡 24 h,使树脂充分膨胀后过滤备用。

② 用5% HCl 溶液完全覆盖离子交换树脂,振荡 2 h 后抽滤,用超纯水多次清洗至中性。

③ 用 1 mol/L NaOH 溶液完全覆盖离子交换树脂,按方法②清洗至中性。

④ 最后的水洗滤液经 $AgNO_3$ 检测后无氯化银沉淀产生,即认为预处理完毕,储存备用。

(2) 树脂嫁接试钛灵

试钛灵型树脂的最佳嫁接条件通过正交试验设计方法进行确定。选取三因素(浓度、pH、离子强度)五水平的正交试验方案,以 L25(5^3)进行试验设计,具体见表 2.1。称取 0.2 g 预处理后的干树脂于 100 mL 锥形瓶中,按照正交试验方案加入一定浓度的试钛灵溶液 50 mL,恒温水浴振荡 3 h。所得实验结果用 SPSS 19 进行分析。通过改性前后树脂的颜色判断嫁接成功与否。再通过扫描电子显微镜(SEM)观察表面、通过测定元素能量色散 X 射线光谱(EDX)对树脂中元素种类进行分析表征。

表 2.1　正交试验设计与水平分布

水平	pH	离子强度（mol/L）	浓度（mmol/L）
1	4	0.1	3
2	6	0.2	5
3	7	0.3	8
4	9	0.4	10
5	10	0.5	12

（3）标准曲线的绘制及嫁接量的计算

用 50 mmol/L 的试钛灵储备液配制浓度为 1～10 mmol/L 的溶液，在双光束紫外-可见吸收光谱仪上使用石英比色皿测定波长在 207 nm 处的吸光度。

试钛灵在树脂上的嫁接量计算公式为

$$J_e = \frac{(N_0 - N_e) V_{接}}{m} \tag{2.1}$$

式中，J_e 为嫁接量，单位为 mmol/g；N_0 和 N_e 为初始溶液和滤液中试钛灵浓度，单位为 mmol/L；$V_{接}$ 为试钛灵溶液体积，单位为 L；m 是使用树脂的质量，单位为 g。

2.2.2　不同运行条件下改性树脂动态吸附硼酸

实验用的动态实验装置主要包括层析柱、蠕动泵、转子流量计、进水桶及导管。层析柱是内径 2 cm，长 6 cm 的玻璃柱，底部放少许棉花为垫层。蠕动泵和转子流量计共同控制进出液的流速。5 L 的塑料容器作为进水桶。实验装置如图 2.3 所示。将一定量的试钛灵型树脂装入层析柱中，达到预计高度后泵入一定流速的超纯水，调整柱高。实验时，将一定浓度的硼酸溶液按一定的流速流入柱床，在不同的时间间隔将流出液采集在 10 mL 采样管内。

1. 试钛灵型树脂对硼酸的动态吸附

本实验采用降流式固定床吸附法，吸附过程中固定床柱对吸附质的吸附性能可用突破曲线来描述。突破曲线是用流出液浓度随时间的变化描述的"浓度-吸附时间"或"浓度-流出体积"曲线，其中浓度通常用"出水浓度/初始浓度"的归一化浓度表示。[21]突破曲线的突破点一般为固定床柱中吸附质出水浓度超过相关排放标准或为初始浓度某倍数的值。因国家标准规定饮用水中硼允许浓度不得超过0.5 mg/L，所以除特殊说明外本实验均用出水硼浓度达到 0.5 mg/L 的点为突破点，此突破点对应的时间为突破时间。当出水中硼酸的浓度为进水硼酸浓度的

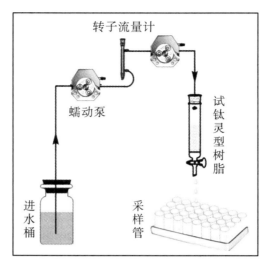

转子流量计

蠕动泵

试钛灵型树脂

进水桶

采样管

图 2.3　动态吸附实验装置

99%时为该突破曲线的耗竭点,对应的时间称为总流程时间,也就是完成一次吸附的时间。为研究试钛灵型树脂对硼酸的动态吸附性能,在室温(25 ℃)条件下依次改变流速、吸附柱高度及硼酸的初始浓度,绘制突破曲线并计算出每个条件下的吸附量、吸附时间及去除率,确定最佳吸附条件,为后续各种吸附实验确定最佳相关参数。

(1) 不同流速对吸附性能的影响

系统的流速决定了硼酸在固定床柱中的停留时间,决定了硼酸与试钛灵型树脂反应进行的充分程度。配置浓度为 2 mg/L 的硼酸溶液(以 B 计),调节蠕动泵和转子流量计,使其分别以 0.6 mL/min、1.0 mL/min、2.0 mL/min、6.0 mL/min 的流速通入柱高为 1.5 cm(1.9338 g)的固定床柱中,每隔一段时间接取 10 mL 出水口的溶液少许,记录此时的运行时间,用甲亚胺-H 酸显色法测定流出液中硼酸的含量。每次吸附完全结束后,用纯水清洗吸附柱内壁及管道。

(2) 不同柱高对吸附性能的影响

固定床柱的高低决定了吸附点位的多少和吸附表面的大小。固定床柱越高,初始流出液中吸附质的浓度越低,单次吸附突破点对应的处理量越多。为探究吸附柱高度对动态吸附的影响,设定吸附柱的高度分别为 0.5 cm(0.6644 g)、1.0 cm(1.2892 g)、1.5 cm(1.9338 g)、2.0 cm(2.5784 g),调节蠕动泵和转子流量计,使 2 mg/L 的硼酸溶液以 2.0 mL/min 的流速通过吸附柱,用与(1)同样的方法测定流出液中硼酸含量。吸附完成后,清洗装置。

(3) 不同浓度对吸附性能的影响

硼酸的初始浓度影响吸附反应传质驱动力的大小,也决定吸附剂与吸附质接触几率的大小。在本次实验中,设定硼酸的初始浓度为 1 mg/L、2 mg/L、5 mg/L、

8 mg/L,使其以2.0 mL/min 的流速通过高度为 1.5 cm 的试钛灵型树脂柱,用与
(1)同样的方法测定流出液中硼酸含量。吸附完成后,对实验装置进行清洗。

　　(4)最佳运行条件

　　从单一因素角度考虑,试钛灵型树脂对硼酸的吸附量和去除率越高,树脂的吸
附性能就越好。但在实际运行过程中,若吸附耗时太长,涉及的吸附成本就越高,
因此须对吸附过程的吸附量、去除率和吸附时间进行综合考虑。分别绘制不同条
件(不同流速、柱高和初始浓度)下的突破曲线,计算试钛灵型树脂对硼酸的吸附量
(q_{total})、吸附时间(t_{total})及去除率(η_{total}),通过对比和分析确定最佳吸附条件。吸
附柱中试钛灵型树脂吸附硼酸的总量为 q_{total}(mg),计算方法为

$$q_{total} = \frac{QA}{1000} = \frac{Q}{1000} \int_{t=0}^{t=t_{total}} C_{ad} \, dt \qquad (2.2)$$

式中,Q 为系统运行流速,单位为 mL/min;t_{total} 为吸附过程的总耗时,单位为 min;
C_{ad} 为被吸附的硼酸浓度,单位为 mg/L;其中 $C_{ad} = C_0 - C_t$;C_0 为硼酸的初始浓
度,单位为 mg/L;C_t 为吸附完成时硼酸的浓度,单位为 mg/L。

　　吸附柱的平均吸附量 q_{eq}(单位为 mg/g)按

$$q_{eq} = \frac{q_{total}}{M} \qquad (2.3)$$

计算。式中,q_{total} 为试钛灵型树脂吸附硼酸的总量,单位为 mg/g,M 为吸附剂总
量,单位为 g。

　　通过试钛灵型树脂柱的硼酸总量为

$$m_{total} = \frac{C_0 Q t_{total}}{1000} \qquad (2.4)$$

式中,Q 为体积流速,单位为 mL/min,t_{total} 为总流程时间,单位为 min,C_0 为硼酸
的初始浓度,单位为 mg/L。

　　试钛灵型树脂去除硼酸的效率为 η_{total}(%),计算方法为

$$\eta_{total}(\%) = \frac{q_{total}}{m_{total}} \qquad (2.5)$$

2.2.3　动态吸附模型及人工神经网络模型拟合预测
　　　　　改性树脂吸附硼酸的突破曲线

1.　几种动态吸附模型拟合及预测试钛灵型树脂吸附硼酸的突破曲线

　　目前的研究多集中在用小型固定床柱吸附目标物,结合突破曲线探究吸附性
能。然而,通过实际床柱吸附实验来优化操作参数不仅耗时、繁琐,还浪费大量的
实验耗材,特别是在数据点多的情况下成本很高。因此,学者们针对固定床柱实验
的突破曲线(BTC)建立了各种数学模型,用这些数学模型拟合实际吸附过程的突

破曲线,以预测在没有实验装置的情况下的实际吸附行为,为吸附床柱的设计和运行提供有价值的信息。[22]用合适的数学模型对实验数据进行拟合及预测,可将小型实验推广到实际应用的大型场所操作中,不仅节约时间和成本,也可对未知操作条件下的系统运行做好应对措施。本书使用在动态吸附中应用最广的 BDST、Thomas 和 Yoon-Nelson 3 种常规数学模型对试钛灵型树脂吸附硼酸的突破曲线的数据进行拟合和预测,为树脂在实际水体除硼应用中提供理论指导。

2. 人工神经网络模型拟合及预测试钛灵型树脂吸附硼酸的突破曲线

相比之下,人工神经网络的发展类似于人类大脑的工作模型,具有强大的非线性建模能力、自学习能力和容错能力,特别适合参数之间的关系高度非线性和复杂性的吸附过程。[23]它不依赖于关于现象学机制性质的假设或对潜在过程的数学背景的理解,并且近年来在污染控制和建模分析领域获得了非常高的价值。本研究用 ANN 模型拟合处理在不同运行条件下试钛灵型树脂吸附硼酸的突破曲线的数据,验证 ANN 模型的有效性和准确性,与上述 3 个典型模型进行对比。

2.2.4　改性树脂对硼酸的循环吸附

在柱高为 1.5 cm(1.9338 g)、硼酸浓度为 5 mg/L、系统流速为 2.0 mL/min 的最佳吸附条件下研究试钛灵型树脂循环吸附硼酸的能力,以实现试钛灵型树脂的最大利用率。具体步骤分为吸附过程、解吸过程、水洗过程、再生过程和再吸附过程。

1. 吸附过程

将浓度为 5 mg/L 的硼酸溶液调到 pH 为 8,装入进样桶中,调节蠕动泵和转子流量计至合适的速度,使硼酸溶液以 2.0 mL/min 的流速通过装有试钛灵型树脂的固定床柱,隔一段时间用量筒接取 10 mL 左右出水,用甲亚胺-H 酸显色法测定出水中的硼酸含量。

2. 解吸过程

将准备好的 0.06 mol/L 稀盐酸倒入洗脱液瓶内,调节蠕动泵的速度和转子流量计,使其以 2.0 mL/min 的流速通入吸附柱,隔一定的时间接取一定量的出水,用甲亚胺-H 酸显色法测定出水中的硼酸含量,当检测出水中没有硼酸时,可认为解吸过程完成。

3. 水洗过程

解吸过程完成后,为避免残留的 HCl 溶液影响后续实验,将超纯水装入储水桶中,以一定的流速通过吸附柱、清洗装置内部及树脂表面。

4. 再生过程

再生过程选用的再生液是 pH 为 9、浓度为 25 mmol/L 的试钛灵溶液,将足量的再生液装入避光的储水桶中,调节蠕动泵的速度和转子流量计,使其以 2.0 mL/min 的流速通入吸附柱,每隔一段时间接取 10 mL 出水,当测得的出水中试钛灵含量等于初始浓度时,认为树脂上嫁接的试钛灵达到饱和,再生过程完成。

5. 再吸附过程

用超纯水简单冲洗再生后的树脂及管道内壁,进行循环吸附过程。与吸附—洗脱—再生过程相同,开始循环五次的吸附实验。

以解吸过程中取水时的体积为横坐标,测得的硼酸含量为纵坐标,绘制解吸曲线,对解吸曲线进行积分,可计算出解吸的硼酸总量。

2.3　实验结果与讨论

2.3.1　改性树脂的表征

为制备试钛灵型改性吸附树脂,采用正交实验设计方法,同时考虑了试钛灵溶液的浓度、离子强度和 pH 等因素对嫁接量的影响。嫁接试钛灵前后的树脂颜色如图 2.4(a)、(b)所示,颜色由浅黄色变至深黄色,表明阴离子交换树脂成功嫁接了试钛灵。通过 SEM 对嫁接试钛灵的树脂进行了表征(图 2.4(c)),发现接枝后的树脂表面光滑、均匀,经能量色散 X 射线检测发现,嫁接完的树脂在能量值为 2.31 keV 处出现了原树脂上没有的硫元素的特征 X 射线谱峰(图 2.4(d)),再次说明试钛灵成功嫁接在阴离子交换树脂。

试钛灵的嫁接反应式如下:

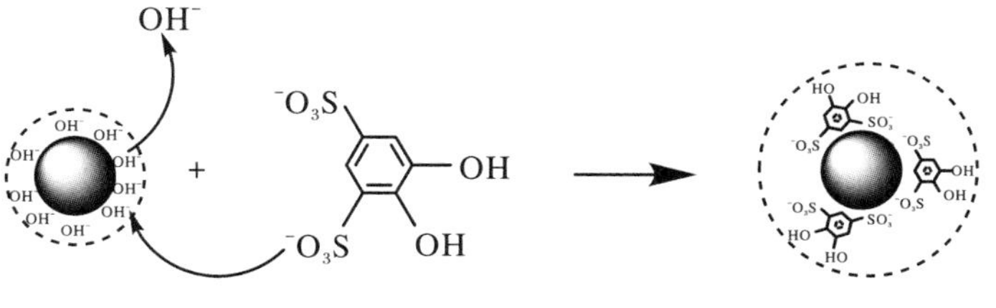

嫁接量的计算通过 UV-Vis 全波段扫描谱图进行计算。在嫁接过程的不同时间取试钛灵溶液,经 0.45 μm 滤膜过滤后进行全波段扫描,得到图 2.5 所示的谱图。试钛灵溶液在 207 nm 处的吸光度随着反应时间的延长而变小,说明试钛灵已经被嫁接在树脂上。正交实验结果表明,最佳嫁接条件为 0.5 g 的阴离子交换树脂加入到 200 mL 浓度为 25 mmol/L 的试钛灵溶液中,调至 pH 为 10,不加其他电解质(离子强度为 0)的条件下进行嫁接,最大嫁接量为 1.2 mmol/g。

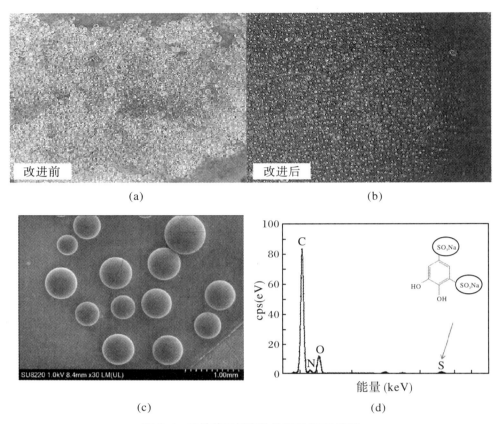

图 2.4　改性前后树脂的外观及 EDX 谱图

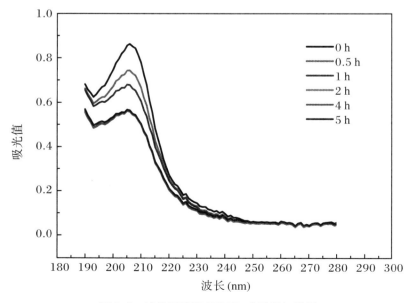

图 2.5　试钛灵溶液 UV-Vis 全波段扫描图

注:0.2 g 树脂加入到 10 mmol/L 试钛灵溶液中。

2.3.2 不同运行条件对改性树脂吸附硼酸的影响

1. 不同流速对突破曲线的影响

系统流速是决定吸附过程能否充分进行的一个重要指标。图 2.6 是硼酸初始浓度为 2 mg/L,试钛灵型树脂吸附柱高为 1.5 cm,系统流速分别为 0.6 mL/min、1.0 mL/min、2.0 mL/min 和 6.0 mL/min 下的突破曲线。当进水硼酸浓度为 2 mg/L,出水浓度达到 0.5 mg/L 的突破点时,图中纵坐标对应的 C_t/C_0 为 0.25。由图可知,不同流速下突破曲线的流出浓度都从零开始,说明 1.5 cm 高的吸附柱短时间内足够吸附该浓度的硼酸。随着留出时间的延长,所有吸附曲线呈现出"由平缓到陡峭"的形状,最终达到最初浓度。在系统流速分别为 0.6 mL/min、1.0 mL/min、2.0 mL/min 和 6.0 mL/min 时,曲线的突破时间分别为 4110 min、2350 min、1060 min 和 115 min,对应的硼酸流出体积分别为 8220 mL、4700 mL、2120 mL 和 230 mL,即随系统流速不断增加,突破时间和处理硼酸的体积均持续减少。这种变化趋势与 Simsek 等人用 VBC-NMG 和 GMA-PVC 树脂吸附去除硼酸的趋势吻合。[24]主要原因是在流速较慢的情况下,通过吸附柱的硼酸分子有充分的时间接触树脂,与树脂上的羟基官能团发生相互作用被固定在树脂上。随着进水硼酸不断输入,吸附点位逐渐被占用,出水中的硼酸浓度由零开始缓慢升高,

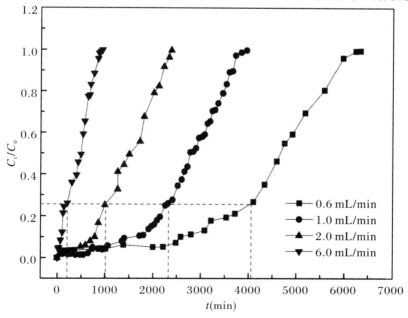

图 2.6 不同流速下试钛灵型树脂动态吸附硼酸的突破曲线

注:柱高 H 为 1.5 cm;硼酸浓度为 2 mg/L。

达到突破点。当系统流速增加时,树脂上的吸附点位与硼酸相互作用的有效时间减少。由传质速率与流速成正比可知,单位高度树脂吸附硼酸的量随着流速增加而增加,即试钛灵型树脂会迅速达到吸附饱和状态。当进水硼酸继续通过时,出水中的硼酸浓度很快达到突破点,突破时间缩短,突破曲线越来越陡,说明柱高和浓度固定的条件下,系统流速越慢树脂能处理的硼酸体积越多,越有利于提高硼的去除率。

2. 不同柱高对突破曲线的影响

硼酸初始浓度为 2.0 mg/L,系统流速为 2.0 mL/min,调节树脂的高度分别为 0.5 cm、1.0 cm、1.5 cm 及 2.0 cm,探究吸附性能并绘制突破曲线,见图 2.7。同上,进水浓度为 2 mg/L 的硼酸溶液,当出水中浓度达到 0.5 mg/L 的突破点时,对应的纵坐标 C_t/C_0 为 0.25。由图可知,不同条件下突破曲线的硼酸浓度均由零点开始,说明 0.5 cm 的柱高就能在短时间内完成对硼酸的吸附。当吸附柱高从 0.5 cm 增加到 2.0 cm 时,突破曲线的突破时间由 140 min 延长到 1450 min,处理的硼酸体积由 280 mL 增加到 2900 mL。这是因为 0.5 cm 的柱高包含的吸附剂量少,对应的活性吸附点位少,通入的硼酸在吸附柱中停留的时间短暂,发生的反应不够充分,导致出水中的硼酸含量很快达到突破点。随着吸附柱高的加厚,试钛灵型树脂的含量及吸附活性点位相应增多,硼酸有更多的概率接触吸附剂,与其发生

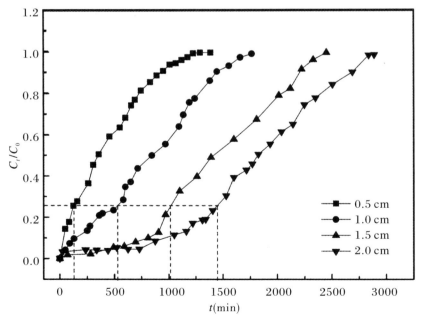

图 2.7　不同柱高下试钛灵型树脂动态吸附硼酸的突破曲线

注:流速为 2.0 mL/min;硼酸初始浓度为 2 mg/L。

相互作用,因此出水中的硼酸到达突破点的时间也会延长。由此可知,吸附柱越高,越有利于处理更多体积的硼酸,但吸附剂的量和吸附时间也会大大增加,应当综合考虑选择适当的柱高。

3. 不同初始浓度对突破曲线的影响

保持系统流速为 2 mL/min,吸附柱高度为 1.5 cm,在进水浓度分别为 1.0 mg/L、2.1 mg/L、4.3 mg/L 和 7.6 mg/L 的条件下进行吸附实验,当出水硼酸浓度达到 0.5 mg/L 的突破点时,对应的纵坐标 C_t/C_0 分别为 0.5、0.25、0.1、0.0625,所得的突破曲线见图 2.8。由图可知,在硼酸浓度为 1.0 mg/L 时,硼酸的突破时间为 2150 min,当进水硼酸浓度调高至 2.1 mg/L 和 4.3 mg/L 时,出水中硼酸的浓度也快速升高,突破时间缩短到 1140 min、525 min。当浓度达到 7.6 mg/L 时,硼酸在出水时间为 315 min 时就已突破,说明随着硼酸初始浓度的增加,出水中硼酸达到突破点的时间越来越快,所得的突破曲线越来越陡。原因是初始硼酸浓度的不断提高,会加大吸附过程的传质驱动力,硼酸迅速占据了树脂表面的吸附点位,导致吸附带长度相应缩短,出水硼酸迅速达到突破值。硼酸浓度较低时,传质驱动力降低,通入的硼酸可被树脂充分吸附,硼酸到达突破点的时间延长,处理硼酸的体积相应增加。因此为处理更多体积的硼酸,初始浓度不宜过高,但浓度太低耗时会增加,应用于实际水处理领域时,需依据情况选择适合的浓度。

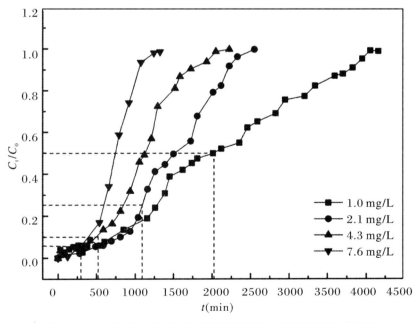

图 2.8　不同初始浓度下试钛灵型树脂动态吸附硼酸的突破曲线

注:柱高 H 为 1.5 cm;流速为 2.0 mL/min。

4. 最佳运行条件的确定

在最佳条件下进行吸附实验可实现试钛灵型树脂综合利用的最大化,是高效去除硼酸的必要保证。本实验改变了系统流速、柱高及浓度,利用式(2.2)到式(2.5)计算了树脂对硼酸的吸附量、吸附时间及吸附效率等参数,具体结果见表2.2所示。

表 2.2 不同运行条件下吸附床柱对硼酸的处理效果

运行参数	M(g)	t_b(h)	t_e(h)	V_{eff}(L)	q_{total}(mg)	q_{eq}(mg/g)	η_{total}
流速 Q(mL/min),固定条件:$C_0 = 2$ mg/L,$H = 1.5$ cm							
0.6	1.9338	68.5	105.6	12.67	6.71	3.47	77.5%
1.0	1.9338	39.2	65.8	7.90	6.49	3.36	75.5%
2.0	1.9338	17.7	39.6	4.75	6.45	3.33	69.8%
6.0	1.9338	1.9	15.7	1.88	6.14	3.18	54.6%
柱高 H(cm),固定条件:$C_0 = 2$ mg/L,$Q = 2.0$ mL/min							
0.5	0.6644	2.1	23.1	2.77	1.73	2.60	29.9%
1.0	1.2892	9.2	29.4	3.53	3.41	2.65	44.7%
1.5	1.9338	17.5	39.6	4.75	6.45	3.33	69.9%
2.0	2.5784	24.8	48.2	5.78	8.61	3.34%	70.3
初始浓度(mg/L),固定条件:$Q = 2.0$ mL/min,$H = 1.5$ cm							
1.02	1.9338	33.6	69.3	8.32	3.13	1.62	36.8%
2.13	1.9338	19.1	39.6	4.75	6.45	3.33	69.9%
4.31	1.9338	8.8	37.1	4.45	10.13	5.24	52.2%
7.64	1.9338	5.25	22.1	2.65	12.59	6.51	39.5%

注:q_{total}为试钛灵型树脂吸附硼酸的总量;q_{eq}为试钛灵型树脂平均吸附硼酸的含量;η_{total}为树脂吸附硼酸的效率。

(1)最佳流速的确定

由表2.2可知,硼酸初始浓度和吸附柱高度不变时,随系统流速的不断增加,试钛灵型树脂对硼酸的平均吸附量逐渐降低。0.6 mL/min 流速下的吸附量及去除率明显高于其他三个流速,但 0.6 mL/min 吸附耗时 105.6 h,是 6.0 mL/min 的 7 倍,是 2.0 mL/min 的 3 倍,严重影响吸附反应的进程。6.0 mL/min 的流速太高,会缩短硼酸与吸附点位的有效接触时间,处理硼酸的体积及去除率相应降低,影响树脂的利用效率。2.0 mL/min 和 1.0 mL/min 流速下的吸附量和去除率相近,但 2.0 mL/min 的吸附时间仅是 1.0 mL/min 的一半多,节约了时间成本。因此选择 2.0 mL/min 的流速最合适。

（2）最佳柱高的确定

只改变吸附柱柱高时，吸附量和去除率随柱高的升高而增加，到达吸附终点所用的时间也明显增多。虽然 0.5 cm（0.6644 g）和 1.0 cm（1.2892 g）柱高下的耗时仅为 2.0 cm（2.5784 g）的一半，但 2.0 cm 柱高对硼酸的吸附量明显高于 0.5 cm 和 1.0 cm，说明随着床层高度的增加，传质过程中的轴向弥散度变小，使得硼酸在吸附剂表面的扩散增强，有助于去除水体中更多的硼酸。当柱高为 1.5 cm 和 2.0 cm 时，两者对硼酸的去除率无明显差别，但 1.5 cm 的柱高成本低，且床层阻力及水流阻力相对较小，用较短的时间能达到同样的效果，相比之下更具优势，所以 1.5 cm（1.9338 g）的柱高为最佳柱高。

（3）最佳浓度的确定

当初始硼酸浓度由 1.0 mg/L 增加到 7.6 mg/L 时，树脂表面和溶液中硼酸的浓度差会增大，由此产生更强的推动力促进了树脂对硼酸的吸附，故吸附量随浓度的增加明显升高，且吸附带长度快速的变小使出水硼酸浓度迅速达到初始值，吸附时间由 69.3 h 缩短到 22.1 h。但浓度在 1.0 mg/L 和 7.6 mg/L 下对硼酸的去除率相近，均低于其他两个流速，可能是因为浓度过高导致通过吸附柱的硼酸远高于被吸附在树脂上的硼酸含量。浓度为 4.3 mg/L 的去除率虽不及浓度为 2.1 mg/L，但吸附耗时短且对硼酸的吸附量较高，尤其考虑到实际污水中的含硼量在 4～6 mg/L 时，在 5.0 mg/L 浓度下进行后续操作更能为实际应用提供科学的指导。

综合分析不同条件下的吸附量、吸附时间及去除率，选择系统流速为 2.0 mL/min、树脂用量为 1.9338 g（1.5 cm）、入水硼酸浓度为 5.0 mg/L 为该动态装置的最佳运行条件，此条件下试钛灵型树脂对硼酸的动态吸附效果较好。

2.3.3　几种动态吸附模型拟合及预测改性树脂吸附硼酸的突破曲线

为预测运行相关的决定性参数，评价柱床吸附硼酸的动力学性质，采用 BDST、Thomas 和 Yoon-Nelson 三个动态吸附模型对柱吸附数据的突破曲线进行拟合分析。

1. BDST 模型的拟合

BDST 模型能够描述不同柱高下树脂吸附去除硼酸的性能，被广泛用于预测柱层高度与运行时间之间的相关性，甚至可以放大和优化动态吸附系统。[25] 为探究该模型吸附速率常数 K_{BDST} 与吸附容量 N_0 在吸附过程中的意义，将 0.5 cm、1.0 cm、1.5 cm、2.0 cm 的柱高作为横坐标，选择出水浓度分别为 0.5 mg/L 和 0.6 mg/L 选择突破点（$t_{0.4}$，$t_{0.5}$，$t_{0.6}$ 和 $t_{0.8}$），将其所对应的突破时间 t_b 为纵坐标，进行了线性拟合，结果如图 2.9（a）所示。四条线的拟合参数见表 2.3，相关系数

R^2 值较高（>0.97），说明该模型拟合度较高，能够很好地描述树脂柱高与吸附硼酸溶液突破时间的关系。当选择突破时间对应的 C_t/C_0 从 0.4 到 0.8 时，从 BDST 模型的斜率和截距计算的吸附容量 N_0 值分别从 3.74 mg/L 增加到 3.93 mg/L，如图 2.9（b）所示。当突破点从 $t_{0.4}$ 增加到 $t_{0.8}$ 时，计算得到的吸附速率常数 K_{BDST} 从 1.59 减少到 0.99。因 K_{BDST} 代表吸附质从液相扩散到固相的速率，表明在动态吸附过程中，虽然进水中硼酸持续以 2 mg/L 的浓度不断输入，但随吸附反应的进行，大量硼酸被吸附在树脂表面，使树脂两侧的浓度梯度逐渐降低，树脂吸附硼酸的能力减弱，吸附速率相应的下降；K_{BDST} 值较大则表明从液相扩散到固相的速率提高，即柱高较低的试钛灵型树脂柱具备更强的吸附能力，出水硼酸达到突破点的时间更短。当突破点逐渐增大，吸附容量 N_0 会不断提升，这代表吸附时间变长会使树脂吸附硼酸的总量持续提高。因此在实际吸附过程中合理控制吸附柱的高度是十分重要的。

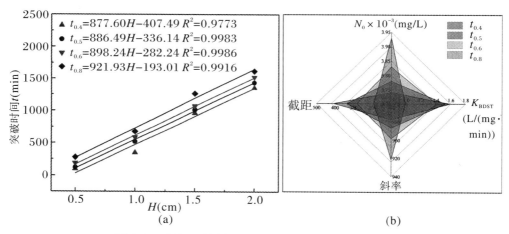

图 2.9　试钛灵型树脂吸附硼酸的 BDST 模型拟合结果

表 2.3　不同突破点的 BDST 模型参数

突破点（C_t/C_0）	$N_0 \times 10^{-3}$（mg/L）	K_{BDST}（L/(mg · min)）	R^2
$t_{0.4}$	3.74	1.59	0.9773
$t_{0.5}$	3.48	1.53	0.9983
$t_{0.6}$	3.83	1.41	0.9986
$t_{0.8}$	3.93	0.99	0.9916

为再次验证 BDST 模型的有效性，选用突破点为 $t_{0.5}$ 的拟合方程计算不同柱高下的理论突破时间 $t_{b(理论)}$，与通过实验所得的实际时间 $t_{b(实际)}$ 进行对比的数据见表 2.4。分析可知不同柱高下的相对误差分别为 5.06%、3.87%、1.88% 和 0.05%，表明 BDST 模型适用于描述试钛灵型树脂对硼酸的吸附过程，可用其预测

不同流速及浓度下的突破时间。

表 2.4　BDST 模型参数及理论突破时间和实际突破时间的相对误差

H(cm)	v(cm/min)	C_0(mg/L)	$t_{b(实际)}$(min)	$t_{b(理论)}$(min)	ε
0.5	—	—	126	120	4.76%
1.0	—	—	554	575	3.79%
1.5	3.64	1.64	1050	1030	1.91%
2.0	—	—	1486	1485	0.07%

注:H 为柱高;v 为流速,C_0 为初始浓度;$t_{b(实际)}$ 和 $t_{b(理论)}$ 分别为出水硼酸浓度达到突破点时对应的实际时间和理论时间;ε 为实际时间和理论时间之间的相对误差。

2. Thomas 模型拟合

Thomas 模型有利于预测吸附量和评价突破性能,尤其有助于预测出水浓度(C_t)与时间(t)的关系。[26]为估算试钛灵型树脂对硼酸的平衡吸附量和吸附速率常数,根据公式(1.16)对不同流速、不同柱高及不同初始浓度的突破曲线的数据进行拟合,结果如图 2.10 所示,拟合得到的参数见表 2.5。图 2.10 中,无论是不同流速、不同柱高还是不同浓度下,Thomas 模型拟合曲线与实验得到的突破曲线的拟合度较好,非线性拟合的相关系数(R^2)均大于 0.97,说明 Thomas 模型很好地解释了固定床柱在不同运行条件下连续吸附硼的过程。也能说明试钛灵型树脂对硼酸的吸附过程属于 Langmuir 等温吸附过程,是均匀表面发生的单层吸附机理。

在表 2.5 中,随着流速的增加,q_{Th} 的柱吸附容量变小,而层高和硼浓度越高,吸附量越大。这一结果可能是由于树脂与硼之间的驱动力和接触时间增强导致的。且在本研究设计的浓度范围内,用 Thomas 模型计算得到的最大平衡吸附量为 6.03 mg/g。因 Thomas 模型被认为是 Langmuir 模型的动态版,与 Bai 用 Langmuir 等温吸附模型描述的试钛灵型树脂静态吸附硼酸的过程一致。[27]但丁伟在室温下静态吸附的理论吸附量为 21.25 mg/g,比本次的动态吸附量大得多,这有可能与静态实验和动态实验的区别有关。[20]

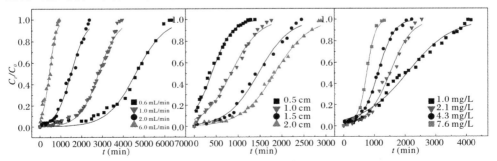

图 2.10　不同流速、柱高和浓度下试钛灵型树脂动态吸附硼酸的 Thomas 模型拟合结果

　　分析吸附速率常数 K_{Th} 和平衡吸附量 q_{Th} 的数据可知:当流速增加时,吸附速率常数逐渐增加,但平衡吸附量呈降低的趋势。这是因为流速的增加提高了硼酸在吸附柱中的传质速率,树脂很快达到吸附饱和状态,对硼酸的吸附量降低,这与前文中流速对吸附量影响的结果一致。当仅调整固定床高度时,吸附速率常数随着柱高的增加而降低,平衡吸附量逐渐增加。这表明床柱的增高虽提供更多的吸附点位,使吸附硼酸的含量增多,但不利于从液相到固相的扩散,延长了硼酸在固定床中的停留时间,使突破点延长,吸附速率常数会变小,故在实际操作运行中应进行综合考虑,不宜选择太高的柱床进行吸附。当仅增加进水硼酸浓度时,K_{Th}减小而 q_{Th} 增加,这是由于树脂吸附硼酸所需的驱动力由树脂内外的硼酸浓度差产生,浓度越大硼酸扩散速率越快,吸附过程越易达到饱和状态。此外,对比表中不同条件下的理论吸附量 $q_{Th理论}$ 与实验值 $q_{Th实际}$,发现吻合度较高,推断内部扩散和外部扩散都不是决定树脂动态吸附硼酸速度快慢的因素,即该模型在预测树脂对硼酸平衡吸附容量上具有可行性,能给实际应用提供较精确的设计参考。

表 2.5　不同吸附条件下的 Thomas 模型拟合参数

C_0 (mg/L)	H (cm)	Q (ml/min)	$K_{Th}(\times 10^{-3})$ (mL/mg min)	$q_{Th理论}$ (mg/g)	$q_{Th实际}$ (mg/g)	ε	R^2
2.18	1.5	0.6	0.67	3.11	3.47	11.57%	0.9835
2.15	1.5	1.0	1.00	3.13	3.44	9.90%	0.9903
2.13	1.5	2.0	1.28	3.30	3.34	1.21%	0.9869
2.16	1.5	6.0	2.67	2.99	3.17	6.02%	0.9794
2.15	0.5	2.0	2.08	2.58	2.59	0.39%	0.9850
2.16	1.0	2.0	1.45	2.79	2.65	5.02%	0.9918
2.13	1.5	2.0	1.32	3.21	3.33	3.74%	0.9904
2.12	2.0	2.0	1.23	3.02	3.34	10.6%	0.9957
1.02	1.5	2.0	1.35	2.18	1.62	25.6%	0.9865
2.13	1.5	2.0	1.31	3.32	3.33	0.30%	0.9879
4.31	1.5	2.0	0.91	4.97	5.24	5.43%	0.9972
7.64	1.5	2.0	0.93	6.03	6.51	7.96%	0.9984

　　注:K_{Th}为试钛灵型树脂吸附硼酸吸附速率常数;$q_{Th理论}$ 和 $q_{Th实际}$分别为试钛灵型树脂吸附硼酸的理论平衡吸附量和实际吸附量。

3. Yoon-Nelson 模型拟合

　　Yoon-Nelson 模型可计算出水中硼酸浓度达到入水浓度一半($C_t = 0.5C_0$)时所用的时间和吸附速率常数。根据式(1.17),取 C_t/C_0为纵坐标,吸附时间 t 为横坐标,对不同流速、柱高及浓度下得到的数据进行 Yoon-Nelson 非线性曲线拟合,结果如图 2.11 所示,拟合得到的参数见表 2.6。从表 2.6 可知,不同条件下得到的非线性方程拟合度均大于 0.97,即 Yoon-Nelson 模型能准确地描述试钛灵型树脂吸附硼酸的过程。分析速率常数 K_{YN}、突破时间 τ 在不同条件下的变化趋势可知:当系统流速从 0.6 mL/min 增加到 6.0 mL/min 时,速率常数 K_{YN} 逐渐增加,突破时间 τ 逐渐缩短,说明进水流速大,传质推动力大,树脂吸附硼酸的速率加快,达到吸附饱和的时间相应缩短;当仅改变柱高时,速率常数 K_{YN} 随着吸附柱高度的增加而逐渐变小,突破时间增加,表明动态柱中试钛灵型树脂含量的增加虽能使吸附剂与硼酸进行充分反应,却影响了树脂吸附硼酸的速率,使得对硼酸的吸附周期延长,因此不是柱高越高吸附效果越好,前文 Thomas 模型也得出了相同的结论;当其他条件不变时,传质驱动力和速率常数 K_{YN} 会因为进水硼酸浓度的提高而加强,单位时间内试钛灵型树脂吸附硼酸的量增加,突破时间缩短,树脂在较短时间内达到饱和状态。将通过拟合方程得到的理论吸附量 $q_{YN理论}$、理论突破时间 $\tau_{理论}$ 与实际吸附量 $q_{YN实际}$ 和实际突破时间 $\tau_{实际}$ 进行对比可知,两者的数值较为接近,即 Yoon-Nelson 模型能预测试钛灵型树脂吸附硼酸的出水浓度为进水浓度一半时所需的时间及吸附量。

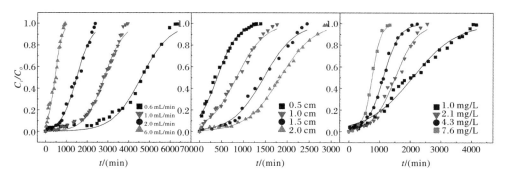

图 2.11　不同流速、柱高和浓度下试钛灵型树脂动态吸附硼酸的 Yoon-Nelson 模型拟合结果

表 2.6　不同吸附条件下的 Yoon-Nelson 模型拟合参数

C_0 (mg/L)	H (cm)	Q (mL/min)	$K_{YN}(\times 10^{-3})$ (L/min)	$\tau_{理论}$ (min)	$\tau_{实际}$ (min)	$q_{YN理论}$ (mg/g)	$q_{YN实际}$ (mg/g)	ε	R^2
2.18	1.5	0.6	1.58	4526	4630	3.06	3.47	2.30%	0.9749
2.15	1.5	1.0	2.93	2760	2780	3.07	3.44	0.72%	0.9903
2.13	1.5	2.0	4.36	1280	1125	2.82	3.34	12.1%	0.9861
2.16	1.5	6.0	5.77	446	485	2.99	3.17	8.45%	0.9784
2.15	0.5	2.0	4.47	399	355	2.58	2.59	11.0%	0.9844

续表

C_0 (mg/L)	H (cm)	Q (mL/min)	$K_{YN}(\times10^{-3})$ (L/min)	$\tau_{理论}$ (min)	$\tau_{实际}$ (min)	$q_{YN理论}$ (mg/g)	$q_{YN实际}$ (mg/g)	ε_τ	R^2
2.16	1.0	2.0	3.21	839	845	2.81	2.65	0.72%	0.9912
2.13	1.5	2.0	2.63	1430	1390	3.15	3.33	2.80%	0.9898
2.12	2.0	2.0	2.55	1826	1825	3.00	3.34	0.05%	0.9955
1.02	1.5	2.0	1.38	2070	2016	2.18	1.62	2.61%	0.9861
2.13	1.5	2.0	2.18	1507	1503	3.32	3.33	0.27%	0.9879
4.31	1.5	2.0	3.89	1114	1125	4.97	5.04	0.99%	0.9970
7.64	1.5	2.0	7.22	751	745	6.03	6.51	0.80	0.9982

注:K_{YN}为试钛灵型树脂吸附硼酸的吸附速率常数;$q_{YN理论}$和$q_{YN实际}$分别为试钛灵型树脂吸附硼酸的理论平衡吸附量和实际吸附量;$\tau_{理论}$和$\tau_{实际}$分别为出水硼酸浓度达到进水硼酸浓度一半时需要的理论和实际时间。

2.3.4 人工神经网络模型拟合及预测改性树脂吸附硼酸的突破曲线

采用人工神经网络模型拟合了试钛灵型树脂动态吸附硼酸的突破曲线,评价ANN模型对吸附过程的预测准确性。本研究采用ANN模型中的三层前馈神经网络模型进行了建模拟合,其结构如图2.12所示。隐藏层的数量,即每层神经元的数量对神经网络的性能起着重要的作用,需选择合适的隐藏层数量进行拟合。输入和输出变量的取值范围如表2.7所示。将实验数据按比例划分为0~1范围内,随机分为三组,70%的数据用于网络训练,15%用作交叉验证,15%用于测试神经网络模型及其预测结果的准确性,并设置了最大训练周期为1000次。通过Levenberg-Marquardt算法训练,利用tan-sigmoid和线性传递函数作为激活函数,使用MATLAB的神经网络工具箱(R2023b)©建模计算。

表 2.7 ANN 模型的输入和输出变量范围

变量	输 入 层				输出层
	初始硼酸浓度 (mg/L)	流速 (mL/min)	柱高 (cm)	运行时间 (min)	吸附能力 (mg/g)
参数范围	1~8	0.6~6.0	0.5~2.0	0~7000	0~7

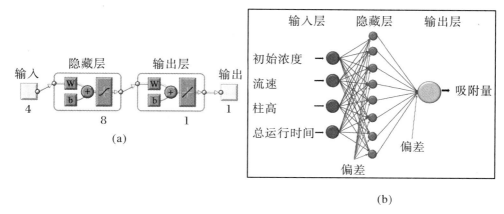

(a)

(b)

图 2.12　ANN 模型层级结构及输入和输出变量

ANN 模型的训练、验证和测试的结果对输出变量的影响与隐藏神经元数量有关，输出变量与实际实验数据的吻合度的大小用均方误差（MSE）来衡量，均方误差值越小，说明该神经元数的合理度越高。ANN 模型的 MSE 与隐藏神经数量之间的关系如图 2.13 所示。在整个训练、测试和验证过程中，MSE 先逐渐降低，然后随着隐藏神经元数量的增加而增加，在隐藏神经元数量为 8 时达到最低，所以选择隐藏神经元数量 8 作为最优的 ANN 操作条件。

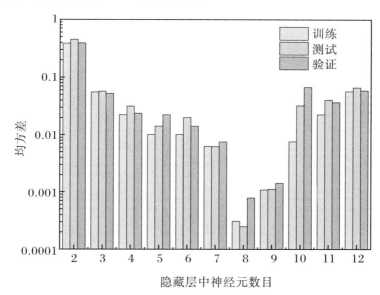

图 2.13　ANN 模型分析的 MSE 随隐藏神经数量的变化

图 2.14（a），（b），（c）是用 ANN 模型预测在不同运行条件下的实验数据的曲线图，无论哪一种运行条件下，ANN 模型预测出来的曲线能够完全复制实验数据，说明 ANN 模型能很好地预测吸附过程。图 2.14（d）是用 ANN 模型预测的吸附

量和实验得到的吸附量的相关性,相关系数 R^2 为 0.9996,表明 ANN 模型与实验数据的拟合程度好,ANN 模型可以准确评价固定床柱动态吸附过程中试钛灵型树脂对硼酸的吸附量,并能指导实际水处理过程。

ANN 模型是一个典型的"黑匣子"模型,通过 ANN 模型还能生成固定床柱吸附实验数据的连接权重,它类似于真实生物神经元中的轴突和树突之间的突触强度。[28] 由于连接权重是决定 ANN 网络神经元之间系数的参数,每个权重都将决定输入变量被传输到神经元中的比例。权重矩阵如表 2.8 所示,通过权重矩阵可以评价输入变量对输出变量的比较显著性影响:

$$I_j = \frac{\sum\limits_{m=1}^{N_h}\left\{\left(|W_{jm}^{ih}|\Big/\sum\limits_{k=1}^{N_i}|W_{km}^{ih}|\right)\times|W_{mn}^{ho}|\right\}}{\sum\limits_{k=1}^{N_i}\left\{\sum\limits_{m=1}^{N_h}\left(|W_{km}^{ih}|\Big/\sum\limits_{k=1}^{N_i}|W_{km}^{ih}|\right)\times|W_{mn}^{ho}|\right\}} \qquad (2.6)$$

式中,I_j 为第 j 个输入变量对输出变量的比较显著性;N_i 和 N_h 分别为输入和隐藏的神经元数量;W 为连接权重;i,h,o 分别代表输入层、隐藏层和输出层;k,m,n 分别表示输入神经元、隐藏神经元和输出神经元。

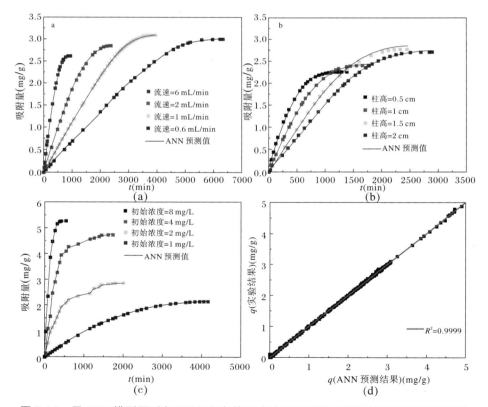

图 2.14　用 ANN 模型预测在不同运行条件下试钛灵型树脂对硼酸的吸附量的准确程度

表 2.8 操作变量权重矩阵,输入层与隐藏层之间的权重(W_1)和隐藏层与输出层之间的权重(W_2)

神经元	W_1(输入变量)				偏差	W_2(输出变量)
	初始浓度	流速	柱高	总运行时间		
1	1.9789	1.7126	−1.9428	−4.2038	−4.3606	−2.3728
2	−1.2305	−0.3525	−0.0190	0.9669	0.1391	−2.8873
3	1.6203	1.3890	−0.3426	−2.9245	−2.0600	−3.0948
4	1.7715	2.0960	−1.0322	−3.6568	−2.6523	2.4996
5	3.2192	−2.7851	−2.0415	−1.3367	−0.1553	−1.0549
6	0.8991	−2.0902	−0.3645	2.0663	1.5241	1.7015
7	−4.5761	1.8532	−2.5932	−3.1162	−4.9216	0.4727
8	4.2124	−4.7692	−5.0304	2.8336	1.8406	0.2600

图 2.15 为输入变量对吸附量的比较显著性比率。从图中可知,总运行时间是影响试钛灵型树脂吸附硼酸的最有效变量,其相对显著性为 38.9%,其次是初始浓度、流速和柱高,其显著性分别为 28.3%、22.5% 和 10.3%。在动态吸附中,总运行时间越长,说明耗尽时间越长,吸附量越大,是最有效的变量。初始浓度与硼酸与吸附位点的接触率有关,影响一定流速下的反应速率,因此是第二个有效变量。流速与硼酸在柱中的停留时间有关,反映硼酸与树脂的接触时间。在本研究中,柱高对吸附容量的影响相对较弱,可能是由于树脂粒径较大,柱高的变化对有效吸附位点数量的影响较小的缘故。

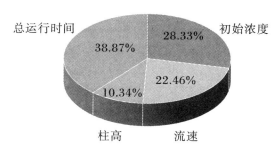

图 2.15 ANN 模型分析输入变量对吸附量的比较显著性比率

2.3.5 改性树脂对硼酸的循环吸附性能及生命周期

1. 试钛灵型树脂再生利用

良好的再生及循环利用能力是评价吸附剂性能的重要指标,也是能否将吸附剂用于商业生产的关键因素。为了降低试钛灵型树脂的利用成本,本研究在确定的最佳运行条件下,以盐酸溶液为洗脱液,以试钛灵溶液为再生液,对已经吸附硼酸的树脂进行洗脱—再生—再吸附实验,绘制循环吸附过程的突破曲线,探究在动态装置中树脂的再生循环能力。将达到吸附终点的试钛灵型树脂在固定床柱中进行五次循环吸附实验,绘制的突破曲线如图2.16所示。每次循环过程中试钛灵型树脂吸附硼酸的量及树脂再生利用效率见表2.9,其中再生利用效率用循环后的树脂吸附硼酸的量比循环前树脂吸附硼酸的量表示。

由图2.16可看出,每条突破曲线出水硼酸浓度均从零点开始,即树脂经五次循环后,试钛灵型树脂依旧具备较高的吸附能力,但循环次数的增加会使硼酸达到吸附终点的时间由初次的2225 min逐渐缩短到1100 min,算出的出水硼酸总体积由4450 mL降到2200 mL,穿透时间由循环前的500 min降到150 min,说明试钛灵型树脂经过多次循环后,吸附硼酸的能力呈下降趋势。结合表2.9可知,随循环次数的增加,通过固定床柱的硼酸含量逐渐变小,试钛灵型树脂对硼酸的吸附量由初次5.24 mg/g降低到1.74 mg/g,树脂对硼酸的去除率由52.15%降到32.05%。这可能是洗脱过程中树脂表面的离子交换基团发生改变,不能完全恢复初始状态,经再生后吸附点位减少,影响了再吸附过程,造成试钛灵型树脂对硼酸的吸附性能减弱,出水硼酸提前达到突破点,吸附总耗时明显缩短。对比循环前后树脂的再生效率可知,经过3次循环后的树脂再生率仍为初次吸附的53.05%,第4次循环可达41.60%,第5次降到33.21%,说明试钛灵型树脂的再生利用率较好,若想保持树脂对硼酸较高的吸附能力,则循环3次较合适。

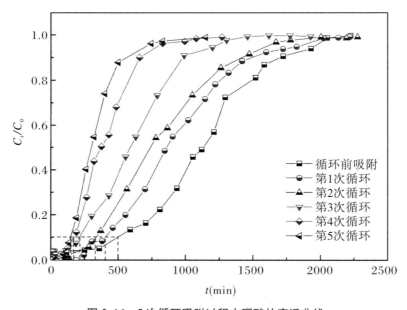

图2.16 5次循环吸附过程中硼酸的穿透曲线

表 2.9 多次循环过程中固定床柱的吸附参数

循环次数	t_b(min)	t_e(min)	q_{eq}(mg/g)	m_{total}(mg)	去除率	再生率
0	500	2225	5.24	19.43	52.15%	—
1	450	2120	4.03	18.80	41.46%	76.91%
2	380	2000	3.53	18.52	38.98%	67.36%
3	290	1520	2.78	17.18	31.26%	53.05%
4	200	1300	2.18	11.46	36.78%	41.60%
5	150	1100	1.74	10.48	32.05%	33.21%

循环过程的解吸曲线如图 2.17 所示。由图可知,随循环次数的增加,洗脱曲线的最高点向右缓慢偏移,经积分计算出的硼的解吸总量分别为 8.59 mg、6.92 mg、5.21 mg、5.33 mg 和 4.07 mg,说明在循环过程中因树脂表面基团钝化未完全恢复初始状态,对硼酸的吸附量逐渐变小,这与表 2.9 得出的结论一致。当洗脱所用的盐酸体积约为50 mL时,洗脱液中的硼酸含量最高,洗脱效果最好。当洗脱液总用量接近 400 mL时,树脂上的硼酸几乎被完全洗掉,即随循环次数增加,洗脱液中的硼酸含量逐渐变小,当解吸液体积(mL)与树脂量(g)比为 400:1.9 时,硼酸解吸完成。

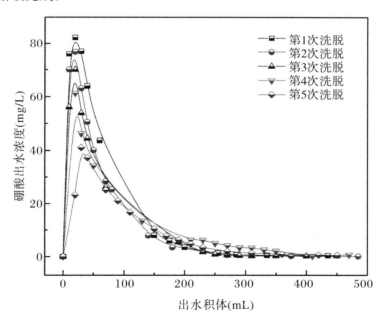

图 2.17 不同循环次数下出水硼酸浓度随体积的变化

此外,考虑到未来大规模生产的可能性和实际工程应用,对试钛灵型树脂生产的经济性进行了评价。合成试钛灵型树脂只需要强碱阴离子交换树脂(2.2 CNY/kg)和试钛灵(128 CNY/kg)两种原料。根据本研究中试钛灵型树脂的合成方法,生产吸附剂所需的化学品成本为 87.19 CNY/kg。

2. 试钛灵型树脂吸附硼酸的生命周期

在吸附过程中,吸附柱的吸附性能通常随循环次数的不断增加呈降低趋势,为预测吸附剂在耗竭前或避免吸附质在刚出水就达到突破点所能循环利用的最多次数,Volesky 在 2003 年提出了"生命周期"的计算方法,即将硼酸的吸附量及突破时间随次数变化的数据进行拟合,根据线性回归分析方程式计算出最多循环次数,为吸附剂的实际应用提供便捷。[29]当用吸附柱的吸附量随吸附次数变化作图时,能得到吸附剂在丧失吸附能力前可吸附的最多次数:

$$q = q_i + K_L n \tag{2.7}$$

式中,n 为循环次数;q_i 为初始吸附量,单位为 mg/g;q 为每次吸附过程的吸附量,单位为 mg/g;K_L 为生命因子常数,可由 q 和 n 之间的线性图计算得到。

当用突破时间随吸附次数的变化作图时,可得出避免硼酸溶液在一出水就达到突破点所能循环的最高次数,计算方法为

$$t_b = t_{bi} + K_L n \tag{2.8}$$

式中,n 为循环次数;其中 t_{bi} 是初始突破时间,单位为 min;K_L 是相应的生命因子常数,可由 t_b 与 n 的线性图计算得到。

将循环吸附量随循环次数的变化数据代入式(2.7),绘制的结果如图 2.18 所示。当以循环吸附次数为横坐标,以试钛灵型树脂吸附硼酸的吸附量为纵坐标时,经拟合后得到的线性关系式为 $q = -0.593n + 4.631$,相关系数 R^2 等于 0.9909,拟合度较高,说明可用拟合方程预测树脂能被循环利用的最高次数。取式中的吸附量 q 为零,计算得到的循环次数 n 为 7.8,即当试钛灵型树脂循环吸附硼酸 7.8 次后,树脂的吸附能力将完全耗尽。因此为了将树脂充分使用且仍具备对硼酸的吸附能力,循环吸附次数应保持在 8 次以内,若循环次数超过 7.8 次,在动态吸附的零时刻出水中的硼酸将立刻达到与进水硼酸一样的浓度,树脂彻底丧失吸附能力。

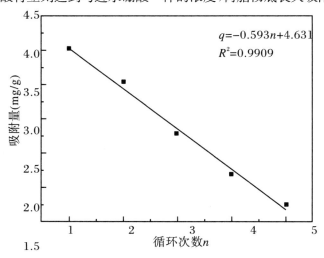

图 2.18　硼吸附量与循环次数的线性关系图

当以循环吸附次数为横坐标,以硼酸的突破时间为纵坐标时,得到的线性方程式为 $t_b = -75.5n + 514.5$,相关系数 R^2 为 0.9763,取突破时间 t_b 等于零,计算出循环次数 n 为 6.8,即虽然此时树脂的吸附能力并未完全耗尽,但为了让出水硼酸不在 $t = 0$ 时就到达 0.5 mg/L 的突破值,试钛灵型树脂循环吸附硼酸的次数不应超过 7 次(图 2.19)。

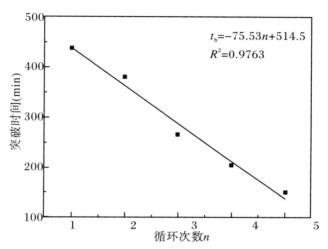

图 2.19 吸附洗脱循环过程中硼酸突破时间与次数的拟合

2.3.6 改性树脂对硼酸的吸附机理

为进一步揭示硼酸在试钛灵型树脂上的吸附状态,将吸附完硼酸的试钛灵型树脂自然干燥后,在磁场强度 12 kHz 条件下进行 ^{11}B CP MAS NMR 固体核磁共振的测定,结果如图 2.20 所示。

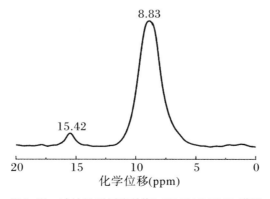

图 2.20 试钛灵型树脂的 ^{11}B CP MAS NMR 谱图

由图 2.20 可看出,试钛灵型树脂吸附硼酸溶液的 ^{11}B CP MAS NMR 谱图在

8.83 ppm 和 15.42 ppm 处有两个明显的峰。由文献[3]可知,15.42 ppm 处是硼酸和试钛灵以 1∶1 配位形成的平面三角形配合物[LB(OH)]的峰,8.83 ppm 则是硼酸和试钛灵之间以 1∶2 配位形成四面体配合物的峰,参考峰面积大小可知,该体系中以四面体结构的配合物为主。其中,四面体结构的配合物又包含[LB(OH)$_2$]的单配位配合物和[BL$_2$]的双配位配合物,考虑到嫁接分子的灵活性较差,推测四面体结构中的[LB(OH)$_2$]单配位配合物在吸附过程更具优势。[LB(OH)]、[LB(OH)$_2$]和[BL$_2$]的结构分别见图 2.21(a)、(b)和(c)。

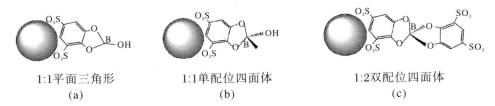

1∶1平面三角形　　　　1∶1单配位四面体　　　　1∶2双配位四面体
(a)　　　　　　　　　　(b)　　　　　　　　　　(c)

图 2.21　^{11}B CP MAS NMR 谱图中各峰值处形成的配合物模拟图

2.3.6　改性树脂在模拟水体及实际水体中去除硼的应用

1. 改性树脂吸附模拟水体中的硼酸

为把试钛灵型树脂推广到实际应用中,在前文研究的基础上,配置了包含实际水体中其他共存离子的模拟水体,在最佳条件下进行动态吸附实验,探究有共存离子情况下树脂对硼酸的吸附去除效果。

(1) 模拟水体的配置

本实验参考内蒙古河套盆地地表水和浅层地下水的离子成分,配置模拟水体,模拟水体的成分及含量如表 2.10 所示。由于元素周期表中硼元素和硅元素处于对角线的位置,化学性质接近,当吸附硼时,硅元素会发生竞争吸附,影响对实际水体中硼元素的去除率。因为硅元素普遍存在于天然水中,所以,本研究的模拟水的配置中专门加了一定浓度的硅酸。所用的化学试剂均为分析纯,每配置 5 L 模拟水所需的成分及含量除表 2.10 所示外,还需加入 5 mg/L 的硼酸溶液和 20 mg/L 的硅酸钠溶液,所有溶液均由超纯水配制。

表 2.10　模拟水体成分一览表

成　分	HCO$_3^{2-}$	NO$_3^-$	SO$_4^{2-}$	Cl$^-$	K$^+$	Ca^{2+}	Mg^{2+}	Na$^+$	B	Si
含量(mg/L)	150	10	150	103	10	20	20	165	5	20

（2）实验装置

由于共存离子的添加会导致溶液中离子氛作用增强,尤其阳离子还能与试钛灵配位减少树脂表面的吸附点位,影响树脂吸附硼酸的效果,因此建议在处理实际水体时最好添加预处理步骤。设计只有阳离子交换树脂预处理和阳-阴离子交换树脂预处理两种实验体系。本实验中的阴、阳离子交换树脂用于水体预处理,其中阴离子交换树脂为氯型 717 阴离子交换树脂,呈淡黄色至金黄色球状颗粒,含水量在 40%~50% 之间,交换容量 ≥3.0 mmol/g;阳离子交换树脂为钠型 732 阳离子交换树脂,呈棕黄色至棕褐色球状颗粒,含水量在 46%~52% 之间,交换容量 ≥4.2 mmol/g。使用阴阳离子交换树脂前,需要预处理。具体处理方法与制备试钛灵型树脂的预处理步骤一样。实验装置见图 2.22。

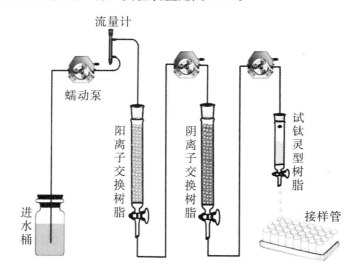

图 2.22　动态实验装置图

注:只需阳离子交换柱时拆掉阴离子交换柱即可。

（3）只通过阳离子柱预处理

在试钛灵型树脂吸附模拟水体前增加阳离子交换树脂预处理步骤。把预处理后的阳离子树脂装入柱中,在室温(25 ℃)下将模拟水体以 2.0 mL/min 的流速依次通入阳离子交换树脂柱和 1.5 cm 高的试钛灵型树脂吸附柱,每隔一段时间用量筒收集出水并记录时间,样品中的硅、硼含量用 ICP 测定,将绘制的突破曲线与只含硅硼,未经过预处理吸附的突破曲线进行对比,结合突破时间、吸附量和去除率等参数探究固定床柱的吸附性能。

为降低模拟水体中阳离子对吸附硅酸和硼酸的影响,本研究在吸附前增加了阳离子交换树脂柱。经测定发现通过阳离子交换树脂后的出水中几乎无阳离子。出水中硼酸和硅酸的突破曲线如图 2.23 所示。为分析阳离子交换柱处理的效果,将本次得到的突破曲线与无其他共存离子的硅硼混合体系(只含硅、硼元素)中硼和硅的突破曲线进行对比,见图 2.23 中的曲线。两个体系吸附参数的汇总见表 2.11。

由图 2.23 可知,用试钛灵型树脂吸附预处理后的模拟水体,硼酸的突破曲线由零点开始,但吸附前阶段的曲线陡峭,硼酸在 90 min 时就达到突破点,总吸附时间为 1925 min,处理含硼模拟水体积达到 3850 mL。与吸附混合体系硼的研究相比,试钛灵型树脂对硼酸的吸附量由原混合体系的 2.91 mg/g 降到 1.28 mg/g,对硼酸的去除效率由 23.08% 降到 14.53%。分析右图硅酸的突破曲线,可明显看到硅酸几乎一出水就达到突破点,试钛灵型树脂对硅酸的吸附量由原混合体系的 4.20 mg/g 降到 1.83 mg/g,去除率降低到原来的 1/3。这可能是因为预处理后虽排除了阳离子的干扰,但仍有大量的阴离子存在于模拟水体中,增加了溶液的离子氛作用,降低树脂与硅酸和硼酸的碰撞概率,导致吸附能力的降低。为验证上述假设,后续实验在阳离子交换树脂预处理的同时添加阴离子交换树脂柱,分析试钛灵型树脂对水中硅酸和硼酸的去除效果。

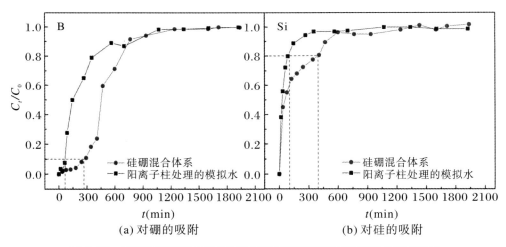

图 2.23　经阳离子柱预处理的试钛灵型树脂吸附硼酸和硅酸的突破曲线

表 2.11　不同操作条件下吸附硼酸和硅酸的参数

元素	体系	t_b(min)	q_{eq}(mg/g)	η
B	原混合体系	290	2.91	23.08%
	经阳离子交换后	90	1.28	14.53%
Si	原混合体系	90	4.20	10.03%
	经阳离子交换后	40	1.83	3.36%

（4）通过阳-阴离子柱预处理

在试钛灵型树脂吸附模拟水体前增加阴、阳离子树脂预处理步骤。把预处理后的阳、阴离子树脂装入柱中，以同样的流速使模拟水体依次通入阳-阴离子交换树脂柱和 1.5 cm 的试钛灵型树脂吸附柱，用与上述第（3）点一样的方法取样、测样并绘制突破曲线，与硅硼混合体系及有阳离子预处理的突破曲线进行对比，结合突破时间、吸附量和去除率等参数探究固定床柱的吸附性能。为验证上述假设，本研究在添加阳离子交换树脂柱的基础上，再添加阴离子交换柱进行预处理，以同时降低模拟水体中阴、阳离子对试钛灵型树脂吸附硅酸和硼酸的影响。出水中硼酸和硅酸的突破曲线如图 2.24 所示。在图 2.24 中，同时给出了混合体系及只有阳离子柱处理的吸附量的对比。不同体系吸附参数的汇总见表 2.12。

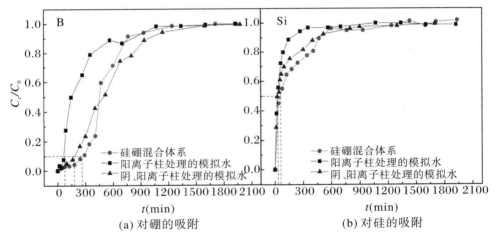

图 2.24　经阳-阴离子柱预处理的试钛灵型树脂吸附硼酸和硅酸的突破曲线

对比分析左图中的曲线可明显看出，经阳-阴离子处理后出水的硼酸突破曲线变平缓，达到突破点的时间由标记方形的曲线的 90 min 延长到标记三角形的曲线的 215 min，计算出试钛灵型树脂对硼酸的吸附量由 1.28 mg/g 提高到 2.63 mg/g，几乎与原混合体系的 2.91 mg/g 相当，除硼率上升为 22.74%。右图中经阴-阳柱的标记三角形的突破曲线和标记方形的突破曲线的突破点几乎重合，但积分算出的试钛灵型树脂对硅酸的吸附量提高到 3.17 mg/g，且去除率能达到 8.86%。上述研究表明当去除模拟水体中的阴、阳离子后，试钛灵型树脂对硅酸和硼酸的吸附效率和去除率明显回升，即共存离子的存在确实会提高溶液的离子氛，证实了上述的假设。因此，在实际水体除硼中，应当增设水体预处理设备，降低水体硬度的同时也会加强试钛灵型树脂对硼酸的吸附性能。

表 2.12　不同操作条件下吸附硼酸和硅酸的参数

元素	体　系	t_b(min)	q_{eq}(mg/g)	η
B	阳离子柱处理的模拟水	90	1.28	14.53%
	阴、阳离子柱柱处理的模拟水	215	2.63	22.74%
Si	阳离子柱处理的模拟水	40	1.83	3.36%
	阴、阳离子柱柱处理的模拟水	40	3.17	8.86%

2. 改性树脂动态吸附实际水体中的硼化物

基于盐湖水中硼含量高的特点,对实际水体的吸附处理选择盐湖水为研究对象。本实验所用的盐湖水采自内蒙古二连浩特市附近,pH 为 7.62,电导率为 1678.1 ms/cm。水样经 0.22 μm 滤膜过滤后备用。盐湖水的化学成分见表 2.13。在树脂处理模拟水体的基础上,进一步采集二连浩特的盐湖水用于试钛灵型树脂的吸附实验,探究树脂对实际水中硼酸的吸附性能。经测量知:盐湖水中的硅酸含量为 2.61 mg/L,浓度很低可忽略。因此本部分实验主要考虑树脂对硼酸的动态吸附去除性能。同上,也设计了只有阳离子交换树脂预处理和阳-阴离子交换树脂预处理两种实验体系。

表 2.13　盐湖水的化学成分

阳离子	浓度(mg/L)	阴离子	浓度(mg/L)
K^+	3600	F^-	92
Ca^{2+}	3006	Cl^-	104578
Na^+	67800	SO_4^{2-}	24615
Mg^{2+}	3341	HCO_3^-	1526
B	26.23	Si	2.61

（1）阳离子交换柱预处理后的实际水体

在树脂处理模拟水体的基础上,采集二连浩特市的盐湖水用于试钛灵型树脂的吸附实验。盐湖水中各阴阳离子的含量见表 2.13。因此本部分实验主要探究树脂对硼酸的动态吸附去除性能。与模拟水体一样,将盐湖水以 2.0 mL/min 的流速先后通入阳离子交换树脂和试钛灵型树脂柱,绘制出水中硼酸的突破曲线,见图 2.25。

由图 2.25 可知,吸附前期的突破曲线非常陡,出水中硼酸在 10 min 就达到 0.5 mg/L 的突破点,但在 880 min 时才到吸附终点,此时试钛灵型树脂处理的含硼酸的盐湖水体积为 1760 mL,对硼酸的吸附量为 1.46 mg/g,去除率为 13.84%。这是因为盐湖水中硼的浓度高达 26 mg/L,增加了试钛灵型树脂吸附硼酸的传质驱动力,当高浓度硼酸通过吸附柱时迅速占据吸附点位,吸附带长度快速变小,出水硼酸迅速达到突破值;但树脂表面和溶液中硼酸的浓度差同样产生较强的推动力,促进了树脂对硼酸的吸附,因此在吸附终点之前树脂会持续吸附通过吸附柱的硼酸。

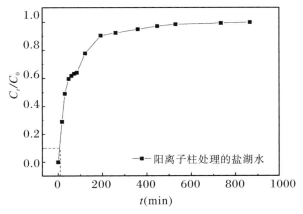

图 2.25 经阳离子柱预处理的硼酸突破曲线

(2) 通过阴-阳离子交换柱

为同时降低盐湖水中阴、阳离子对试钛灵型树脂吸附硼酸的影响,在试钛灵型树脂柱之前添加阴离子交换柱,使盐湖水依次经过阳-阴离子交换柱和试钛灵型树脂柱,出水中硼酸的突破曲线见图 2.26。由图 2.26 可知,经阴-阳离子交换柱处理后的硼酸突破曲线几乎在刚出水时就达到突破点,但后期吸附的突破曲线比只有阳离子交换柱的平缓,且在吸附完成时试钛灵型树脂对硼酸的吸附量为 2.38 mg/g,与混合体系中对硼酸的吸附量 2.91 mg/g 相当。这再次说明溶液中存在的大量阴、阳离子会对吸附硼酸过程产生负面影响。IPek 等人用 Diaion CRB 02 树脂对未预处理的地热水中硼的吸附量为 2.90 mg/g,我们猜测将地热水脱盐后,树脂吸附硼酸的量会有所增加。[30]此外,在本次实验中,因盐湖水中的阴阳离子浓度太高,已有的阴、阳离子交换柱并未将其中的阴阳离子完全处理掉,接取出水的烧杯中仍旧残留大量盐分,因此预测提高阴阳离子柱的高度会增加试钛灵型树脂对硼酸的去除。

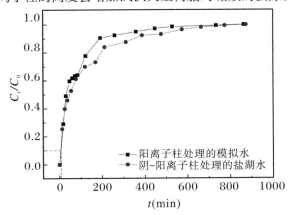

图 2.26 经阴-阳离子柱预处理的硼酸突破曲线

2.4　结论与展望

本章以试钛灵型树脂为吸附剂,以动态吸附去除有毒元素硼为主要目标,探究改性树脂对硼的吸附性能及其再生利用效率,揭示吸附机理;同时将试钛灵型树脂应用于模拟水和实际盐湖水中,为其实际应用和推广提供科学依据。通过研究得到如下结论:

(1)试钛灵型树脂动态吸附硼酸过程中,突破时间受吸附柱高度、系统流速和进水硼酸浓度的影响。增加柱高会使突破时间延长,升高系统流速和进水浓度会缩短突破时间。当本研究中的系统流速为 2.0 mL/min,硼酸初始浓度为 5 mg/L,吸附柱高为 1.5 cm 时,树脂对硼酸的去除率最高达到 69.88%,吸附量最高为 5.24 mg/g,且系统总运行时间较短,树脂的综合利用率最高,为本研究中的最佳动态吸附条件。

(2)BDST 模型、Thomas 模型、Yoon-Nelson 模型和人工神经网络(ANN)模型都可较好地描述试钛灵型树脂吸附硼酸的过程。BDST 模型不仅很好地描述了柱高与突破时间的关系,还可预测改变浓度或流速后的突破时间;Thomas 模型表明动态吸附过程中的内部扩散和外部扩散都不是限速因子,经该模型计算得到的试钛灵型树脂对硼酸的理论吸附量为 5.97 mg/g;Yoon-Nelson 模型可预测实际水体除硼中的理论吸附量和突破时间。而 ANN 模型能更准确预测整个吸附过程。

(3)试钛灵型树脂具备较好的再生能力,当循环吸附 3 次硼酸后,树脂的再生效率仍为初次吸附的 53.05%。通过计算树脂的生命周期,预测当循环吸附不超 7 次时,可保证硼酸浓度不在刚出水就达到突破值;当树脂循环次数超过 7.8 次后,树脂将完全丧失对硼酸的吸附能力。解吸过程中当解吸液体积(mL)与树脂量(g)比为 210∶1 时,树脂解吸完全,解吸液利用率最高。

(4)当用试钛灵型树脂处理含共存离子的模拟水和实际水时,添加阴阳离子交换柱对水体进行预处理,不仅能有效降低溶液的离子氛作用,还能避免水体中的阳离子与试钛灵的结合,影响试钛灵型树脂对硼酸的吸附性能。经计算得出试钛灵型树脂对模拟水和盐湖水中硼酸的吸附量分别为 2.63 mg/g 和 2.38 mg/g,预测提高阴阳离子柱高度,吸附性能会有所提高。

(5)试钛灵型树脂单独吸附硼酸溶液时,硼酸以三角形配合物[$LB(OH)$,1∶1]和四面体配合物[$LB(OH)_2$,1∶1]和[BL_2,1∶2]形式被固定在树脂表面。综上,本研究制备的试钛灵型树脂对水体中的有毒元素硼具有较好的选择性吸附性能,且具有良好的再生循环利用价值,是一种能推广应用到实际除硼领域的良好吸附剂。

参 考 文 献

[1]　Bai S,Yang F,Wang Y,et al. Removal and recovery of silica source from geothermal water recycling system by calcium nitrate and sodium hydroxide[C]// Advanced Materials Research,2012,516-517:380-383.

[2]　Lin J Y,Mahasti N N N,Huang Y H,Recent advances in adsorption and coagulation for boron removal from wastewater:a comprehensive review[J]. Journal of Hazard Materials,2021,407:124401.

[3]　Bai S,Han J,Du C,et al. Removal of boron and silicon by a modified resin and their competitive adsorption mechanisms[J]. Environmental Science and Pollution Research,2020,27:30275-30284.

[4]　Wolska J,Bryjak M. Methods for boron removal from aqueous solutions:a review[J]. Desalination,2013,310:18-24.

[5]　Nielsen F H. Biochemical and physiologic consequences of boron deprivation in humans[J]. Environmental Health Perspectives Supplements,1994,102:59-63.

[6]　Ben-Gal A,Shani U. Water use and yield of tomatoes under limited water and excess boron[J]. Plant & Soil,2003,256(1):179-186.

[7]　卢涛,徐强,杨利伟. 不同供硼水平对绿豆植株形态和生长发育的影响[J]. 干旱地区农业研究,2007,25(2):67-70.

[8]　Schnurbusch T,Hayes J,Sutton T. Boron toxicity tolerance in wheat and barley:Australian perspectives[J]. Breeding Science,2010,60(4):297-304.

[9]　刘春光,何小娇. 过量硼对植物的毒害及高硼土壤植物修复研究进展[J]. 农业环境科学学报,2012,2:230-236.

[10]　Nielsen,Forrest. Update on human health effects of boron [J]. Journal of trace elements in medicine and biology:Organ of the Society for Minerals and Trace Elements (GMS),2014,28(4):383-387.

[11]　World Health Organization. Boron in drinking-water:background document for development of WHO guidelines for drinking-water quality guidelines for drinking-water quality[S]. 2th ed. United Kingdom:WHO,2004.

[12]　Exkhardt D,Reddy J,Tamulonis K. Ground-Water quality in Western New York,2006[S]. Virginia:2008.

[13]　肖景波,陈居玲,张思页. 卤水除硼工艺研究[J]. 河南化工,2013,9:33-35.

[14]　张兴儒,王彬,张煜发,等. 用石灰乳从硼酸母液中沉淀硼影响因素研究[J]. 无机盐工业,2005,37(10):21-23.

[15]　Shaban H. Reverse osmosis membranes for seawater desalination state-of-the-art[J].

Separation and Purification Methods，2006，19(2)：121-131.

[16] Kabay N，Arar O，Acar F，et al. Removal of boron from water by electrodialysis：effect of feed characteristics and interfering ions[J]. Desalination，2008，223(1-3)：63-72.

[17] Melnik L，Butnik I，Goncharuk V，Sorption-Membrane Removal of Boron Compounds from Natural and Waste Waters：Ecological and Economic Aspects[J]. Journal of water chemistry and technology，2008，30(3)：167-179.

[18] 于士平，姚红杰，薛函，等. 提硼离子交换树脂研究进展[J]. 离子交换与吸附，2012(4)：375-384.

[19] 胡晶晶. 水环境中微量硼去除剂的开发及去除机理研究[D]. 上海：东华大学，2014.

[20] 丁伟. 硼选择性吸附剂的制备及其吸附性能研究[D]. 呼和浩特：内蒙古大学，2018.

[21] Bai S，Li J，Ding W，et al. Removal of boron by a modified resin in fixed bed column：breakthrough curve analysis using dynamic adsorption models and artificial neural network model[J]. Chemosphere，2022，296：134021.

[22] Dalhat M A，Mu'azu N D，Essa M H. Generalized decay and artificial neural network models for fixed-bed phenolic compounds adsorption onto activated date palm biochar[J]. Journal of Environmental Chemical Engineering，2021，9：104711.

[23] AbdMunaf A H. Artificial Neural Network (ANN) modeling for tetracycline adsorption on rice husk using continuous system[J]. Desalination and Water Treatment，2024，317：100026.

[24] Simsek E B，Beker U，Senkal B F. Predicting the dynamics and performance of selective polymeric resins in a fixed bed system for boron removal[J]. Desalination，2014，349：39-50.

[25] Ang T N，Young B R，Taylor M，et al. Breakthrough analysis of continuous fixed-bed adsorption of sevoflurane using activated carbons [J]. Chemosphere，2020，239：124839.

[26] Kumari U，Mishra A，Siddiqi H，et al. Effective defluoridation of industrial wastewater by using acid modified alumina in fixed-bed adsorption column：experimental and breakthrough curves analysis[J]. Journal of Cleaner Production. 2021，279：123645.

[27] Bai S，Han J，Du C，et al. Removal of boron and silicon by a modified resin and their competitive adsorption mechanisms[J]. Environmental Science and Pollution Research，2020，27：30275-30284.

[28] Dellaferrera G，Woźniak S，Indiveri G，et al. Introducing principles of synaptic integration in the optimization of deep neural networks[J]. Nature Communications，2022，13(1)：1885.

[29] Volesky B，Weber J，Park J M. Continuous-flow metal biosorption in a regenerable Sargassum column[J]. Water Research，2003，37：297-306.

[30] IPek I Y，Kabay N，Yüksel M. Modeling of fixed bed column studies for removal of boron from geothermal water by selective chelating ion exchange resins [J]. Desalination，2013，310：151-154.

第 3 章 四方针铁矿吸附去除水中非金属无机污染物氟化物研究

3.1 研究背景及意义

随着氟元素在工业、农业和医药等多个领域的广泛应用,氟污染问题逐渐显现,全世界超过 2 亿人受到了氟污染的影响。[1]在我国,地方性氟中毒问题广泛存在,影响范围超过 20 个省,涉及 6000 万人口。[2]其中,饮水型氟中毒尤为突出,患病人数最多,分布范围最广,主要是长期饮用高氟水所致。而我国饮用含氟量超标饮用水的人口位居世界第一,高氟水污染问题以内蒙古、天津、山东和安徽等地区为甚,直接饮用高氟水的农村人口数量高达 5000 万。为保障饮用水质的安全,世界卫生组织(WHO)以及我国《生活饮用水卫生标准(GB 5749—2022)》均对水中氟离子浓度设定了明确的限制标准。具体而言,WHO 规定的饮用水氟离子浓度限值为 1.5 mg/L,而我国标准则更为严格,将限值设定为 1.0 mg/L。[3]由于高氟水中的氟离子含量超出了水质标准的安全范围,在使用前必须进行有效的去除处理。所以,水体除氟技术的发展,不仅直接关系到人类健康与环境安全的维护,更对确保水质安全具有重要意义。

3.1.1 氟元素简介

1. 氟元素的性质及氟污染的来源

氟元素是已知元素中非金属性最强且电负性最大元素,其原子半径极小(共价半径为 0.071 nm),具有强烈的得电子倾向,导致氟具有较强的氧化性,几乎可与所有元素直接化合。自然界中氟化物主要以萤石(CaF_2)、氟镁石(MgF_2)、冰晶石(Na_3AlF_6)和氟氯磷灰石[$Ca_3(PO_4)_2 \cdot Ca(F,Cl)_2$]等矿物形式存在,通过风化和溶解进入地表水和地下水中。氟污染的主要来源可以划分为两大类:自然源和人为源。含氟矿物质的溶解性高,经长期雨水冲刷会不断溶解进入土壤和地下水中,导致地下水中氟离子含量超标。据调查,内蒙古苏尼特地区的地表存在大量氟化钙等含氟矿物,经多年雨水冲刷、溶解、迁移和富集等,该地区浅层水中氟离子浓度高达 14.78 mg/g,严重超标。人为污染源是导致土壤和地下水氟含量超标的重要原因,如工农业领域排放的含氟废弃物。这些废弃物的排放主要集中在含氟矿物的开采、加工和以氟化物为原料或辅助材料的冶金、化肥、陶瓷、水泥、电子制造等行业。例如,钢铁在冶炼的过程中,需要加入萤石(CaF_2)作为助溶剂,生产过程会产生大量的含氟废水;磷肥和磷酸的生产过程以氟含量约为 3.4% 的磷灰石为原料,产生高氟废水从而造成氟污染问题。这些由人为因素引发的氟污染,以不同形式进入环境中,对生态环境造成了不良影响。在水体中,氟离子成为了氟的主要赋存形态,占据了水中氟含量的绝大部分,具体比例达到了 80.60%~97.49%。

2. 氟污染的危害

氟污染是指氟及其化合物所引起的环境污染和危害健康的现象。氟是人体组织矿化的必需元素,对骨骼健康和牙釉质的形成起着重要作用。正常人体内的含氟量约为 2.6 g,其中约三分之二来源于饮用水、三分之一来源于食物。[4] 人体吸收适量的氟可以预防龋齿,促进骨骼的钙代谢,而长期饮用高氟饮用水会导致氟斑牙、钙磷代谢紊乱、癌症、不孕、阻碍儿童的生长发育、甲状腺疾病和阿尔茨海默病等严重的健康问题。[5] 所以世界卫生组织建议,人类饮用水中氟的浓度不能高于 1.5 mg/L。表 3.1 展示了不同的氟离子浓度对人体健康的影响,可以看出氟离子浓度的安全限值为 1.0 mg/L。当水体中氟含量大于 1.0 mg/L 时,就称之为高氟水。动物摄入过量的氟化物会对生长、学习和记忆能力、血液和喂养效率产生毒性影响。植物吸收污染土壤中的氟化物后,吸收的氟化物会被转移到嫩枝上,造成生理、生化和结构损伤,甚至造成细胞死亡。

表 3.1　氟离子浓度对人体健康的影响

氟离子浓度(mg/L)	对健康的影响
<1.0	安全限值
1.0~3.0	氟斑牙
3.0~4.0	使骨头和关节变硬变脆
>4.0	使人瘫痪,不能直立行走或站立

3.1.2　水体氟污染控制技术简介

高氟水对人体造成的危害很长一段时间没有被重视,导致高氟水处理技术被严重忽视,对人类的身心健康造成了很大影响。直到 20 世纪七八十年代,地方性氟病的发现促进了人们对氟污染的重视,如今对含氟水(包括自然界的饮用水源,废水)处理技术的发展已成为氟污染控制的研究热点。防治地方性氟病的根本措施在于选用符合安全要求的水源。有两种途径可以选择,一是选用适宜水源,二是通过各种方法降低水体中的氟含量变成适宜水源。选取适宜的水源地往往受到多方条件制约,多数情况下会对高氟水进行处理,通过降低氟含量的方法得到适宜水源。国内外除氟技术主要有化学沉淀技术、混凝沉淀技术、电絮凝技术、膜处理技术、电渗析技术、离子交换技术、吸附技术、电容去离子技术等,涉及工业废水、苦咸水和饮用水处理领域。

1. 化学沉淀技术

化学沉淀法适用于高浓度氟化物的去除,是通过投加某种化学药剂与水中氟离子反应生成沉淀,降低氟离子浓度的方法。如钙盐沉淀通过钙离子与氟离子反应生成难溶氟化钙(CaF_2)沉淀的原理达到除氟目的(图 3.1)。钙盐沉淀法虽然有处理成本低、设备简单、操作容易等优点,但其除氟效果差,通常与其他化学试剂或除氟方法联用作为水体除氟的前处理。与传统的钙盐沉淀相比,先投加氯化钙,将部分氟转化为难溶氟化钙,后投加聚合硫酸铁(PFS),吸附架桥和沉降网捕剩余氟离子并在沉降过程中卷扫已形成的氟化钙,提高有效除氟率。然而传统化学沉淀会产生大量含水量高的污泥,带来二次挑战。利用流化床反应器(FBC)的结晶原理也可去除、回收废水中的氟化物(图 3.2)。该技术的基本原理是在固液流化床底部填充合适的颗粒作为种子晶体,当溶液进入流化床时,种子晶体流态化,再加入钙盐,使种子颗粒表面的氟离子转化为粗颗粒。该化学过程类似于传统钙盐沉淀法,即将钙溶液放入氟离子溶液中,溶液中的氟化钙达到过饱和状态,就会有氟化钙沉淀生成。相比化学沉淀法,流化床反应器法不会产生大量难以回收和处理的污泥,可以提高氟资源利用率,且流化床装置占地面积小,除氟效果好。

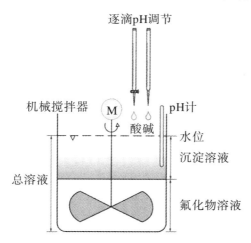

图 3.1　沉淀原理示意图

2. 混凝沉淀技术

混凝沉淀除氟是利用铝盐或铁盐等混凝剂在水中形成氢氧化铝或氢氧化铁等

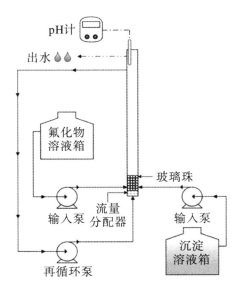

图 3.2　流化床反应器 FBC 工艺的实验装置示意图

水解产物絮体,通过吸附、离子交换、配位沉降、网捕和机械卷扫等作用,聚集凝结为较大的絮状物沉淀水中氟离子的方法。明矾水解生成的氢氧化铝胶体比硫酸铝水解生成的胶体沉降效果好,对氟离子的吸附容量也大,除氟效果更好。当明矾用量为 0.3 g/L 时,可将苦咸水中氟由 4.0 mg/L 降低到饮用水标准 1.0 mg/L 以下,除氟率可达 75%。聚合氯化铝(PAC)与明矾相比具有用量少、絮凝效果好的特点,在投加量 35 mL/L 时,对含氟量 13.57 mg/L 的高氟苦咸水,除氟率可达 93.96%。[6]混凝沉淀法除氟具有操作方便,处理量大等优势,但若水体含氟量高,需要的混凝剂投加量增大,污泥产量和处理费用也会增加,且易受水中其他阴离子影响,出水水质不够稳定,待进一步改善。

3. 电絮凝技术

电絮凝除氟是通过电解过程中阳极铝电化学溶出的铝离子及其水解产物与氟发生团聚、絮凝、吸附、共沉淀等作用除氟的方法,特点是电荷引发的絮凝过程。与传统絮凝沉淀相比,电絮凝产生的絮体活性高,铝盐投加量低于传统化学絮凝沉淀,沉淀效果更好、操作容易、设备简单,在海水和苦咸水除氟中应用较多。铝极板电解出的铝离子,在水解和缩聚过程中形成各种形态的氢氧化铝[$Al(OH)_{3n}$]中间产物作为吸附介质,通过絮凝、吸附作用去除氟离子。[7]但由于铝离子会对人体健康造成不利影响,可用锌极板代替部分铝极板,形成新的锌铝电极,以减少水中铝离子的残留。电絮凝法对于酸性和中性水体中氟离子的去除效果好,而对弱碱性或碱性水中氟的去除效果较差。Behbahani 等通过研究响应面法(RSM)优化了电絮凝法除氟的操作条件,使其在弱碱性条件下也达到了 94.5% 的除氟率。[8]尽管优化的电絮凝技术有较高除氟率,但苦咸水 pH 普遍高于 7,使用电絮凝法须进行预处理,将进水 pH 调节至适宜范围,操作较为繁琐。

4. 膜处理技术

膜分离法是在高于溶液渗透压的作用下,利用半透膜的选择透过性,将溶液中水和半径大于膜孔的离子和物质筛分去除的方法,有微滤(MF)、超滤(UF)、纳滤(NF)和反渗透(RO)等。膜分离法具有能耗低、运行参数影响小、对氟离子截留效率高等优点,但对进水水质要求较高,且随使用次数增加,膜通量会逐渐下降。微滤和超滤因膜孔径较大,对氟离子去除几乎无效,而纳滤和反渗透是除氟最佳技术。与反渗透膜相比,因纳滤膜的孔径稍大于反渗透膜的孔径,需要更低的压力和能量。用于去除饮用水氟化物的常用膜法有纳滤和反渗透,可以实现高无机物去除的同时去除水中细菌、病毒等微污染物,满足饮用水要求。Diawara 等通过纳滤和低压反渗透(LPRO)对偏远社区微咸水和高氟饮用水中盐度和氟离子进行去除,发现纳滤膜和低压反渗透膜均可有效去除水中氟和盐分。[9]但纳滤膜的孔径比反渗透膜的孔径稍大,对溶剂和溶质通过的抵抗力较小,氟去除率分别为松散纳滤膜大于 50%、紧密纳滤膜大于 90%、反渗透膜大于 96%。因而,在处理氟和盐浓度略高于推荐值的饮用水时纳滤法更经济、更合适,而在处理氟和盐浓度远超建议值的水时,具有高截留率的反渗透更为合适。芬兰某家处理规模为 6000 m^3/d 的城市供水厂,通过反渗透将含氟量 1.8 mg/L 的地下水与经过处理氟化物浓度小于 0.03 mg/L 的反渗透水混合,来确保饮用水中氟化物浓度小于 1.3 mg/L,满足 WHO 规定饮用水氟化物限值。其膜通量经 pH 大于 12 的碱性溶液清洗即可恢复,且经过三年多的操作运行,除氟效率与运行初期相比几乎没有变化。[10]但纳滤和反渗透的缺点也是不可否认的,包括能耗较高,膜污染,膜通量随使用次数增加逐渐下降等。高能耗问题可以通过引入可再生能源,如无电池光伏驱动得到能源补偿和技术优化。而膜损耗问题的解决需要研究开发出性能更好、寿命更长、选择性更好的膜材料。纳滤的选择性相较于反渗透是一个特殊优势,可以为靶向膜的生产和选择提供研究方向。

虽然传统沉淀法和膜分离法都有各自的缺点,但也有各自不可替代的优点。如沉淀法虽然除氟效果不佳,但成本低、操作简单;膜分离法虽然对水质要求高,但不需要添加化学试剂,处理效果好。所以,结合两种处理技术比独立的沉淀和膜分离除氟效果更好。且先经沉淀,后经膜分离处理可有效去除废水中的氟离子,延长膜的使用周期,达到较好的净化效果。

5. 电渗析技术

电渗析(ED)是膜分离技术的一种,是在半透膜两端施加直流电场,在直流电场作用下,以电位差为推动力,利用离子交换膜的选择透过性,使氟离子通过离子交换膜流向阳极达到除氟目的(图 3.3)。电渗析与电絮凝相比,在不需要预处理的条件下也有较好除氟效果;与反渗透相比,在相同水质和水量的情况下,中试规模电渗析工厂使用的能源几乎是反渗透的一半,且有更高的回收率。根据国际脱盐协会 2019 年的报道,2018 年电渗析占全球苦咸水脱盐能力的 6%。Amor 等通过电渗析对含有 3000 mg/L 总溶解固体和 3 mg/L 氟化物的苦咸水中进行除氟研究,发现没有预处理也可满足饮用水要求[11]。此外,电渗析可以同时去除水中硝酸盐、氟离子和砷离子等,在大于 15 V 的高电位下,电渗析的选择性接近 1,意味着可以去除所有离子。将吸附与电渗析结合进行除氟,还可以减少电极极化问题产生、降低运行成本。虽然电渗析除氟效果好、能耗较少、对氟选择性高,但会出现电极极化,污垢和结垢等问题降低除氟效率,工艺优化仍然是挑战。

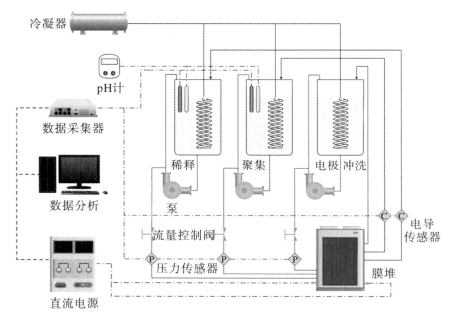

图 3.3　电渗析系统示意图

6. 离子交换技术

水体通过离子交换床去除带电离子的过程称为离子交换。离子交换除氟原理在于以氟离子的强电负性为驱动力,利用离子交换树脂中某些阴离子与氟离子进行交换,从而实现水体除氟目的。用于除氟的离子交换树脂有阴离子交换树脂和阳离子交换树脂。常规弱碱性阴离子交换树脂虽然静态除氟效率高,但由于其对氟离子选择性太低,实际除氟效果较差,其离子选择顺序为 $ClO_4^- > I^- > CrO_4^{2-} > SO_4^{2-} > Br^- > CN^- > NO_3^- > Cl^- > F^-$。而阳离子交换树脂、改性阳离子交换树脂常用于实际除氟工艺中。相较于阳离子交换树脂,改性阳离子交换树脂对氟的亲和力要更高,除氟能力更好,且除碳酸氢盐外,受其他共存阴离子的影响小。因氟离子被归类为硬碱,与多价金属离子具有良好亲和力,通过负载金属离子的改性极大影响离子交换树脂的除氟能力,这是由于金属离子和氟离子之间存在静电吸附和配位作用；根据软硬酸碱理论，利用强酸性树脂除氟效果更佳。研究发现将 001×7 强酸性阳离子交换树脂改性为氢型、铝型和镧型树脂后，较未改性树脂的除氟率显著增加，其中铝型改性树脂的除氟效果最佳，除氟率最高可达 99%。[12]离子交换除氟具有较好的氟去除效率、再生简单、再生率高等特点，但会产生大量氟负载废物，可能导致二次污染问题，而且树脂生产成本和再生成本较高等使其工业化进程受到限制。

7. 吸附技术

吸附因具有成本效益、操作简单、去除能力好、重复利用率高等特点，已被证实是从饮用水中去除过量氟化物的实用方法，在脱氟研究和实践中占有重要地位。吸附法除氟是基于吸附剂对氟离子强烈的物理或化学吸引力，利用吸附剂舒松多孔的表面性质吸附去除水体中氟离子的过程，吸附剂通过再生可恢复吸附能力。除氟所用吸附剂有活性氧化铝、沸石、活性炭、壳聚糖和其改性材料、金属有机框架化合物（MOF）、分层双氢氧化物（LDH）和低成本吸附剂，如陶粒、生物炭、天然矿物等。然而，大多数吸附剂不适用于饮用水除氟，而且有一些吸附剂只能在极端 pH 条件下工作，如活性炭只在 pH 小于 3.0 的环境下可有效去除氟化物。活性氧化铝因具有比表面积大、孔隙度高、物理化学性质稳定、制造工艺成熟等优点，被认为是用于饮用水脱氟非常好和较常用吸附剂，对阴离子的吸附交换顺序为 $OH^- >$ $PO_4^{3-} > F^- > [Fe(CN)_6]^{4-} > CrO_4^{2-} > SO_4^{2-} > [Fe(CN)_6]^{3-} > Cr_2O_7^{2-} > Cl^-$ $> NO^{3-} > MnO_4^- > ClO_4^- > S^{2-}$。[13]我国于 2005 年建设了规模为 20000 m³/d 的活性氧化铝水厂，于 2006 年底正式运行。根据水质情况，设计采用了原水不经混凝沉淀过程，直接进入活性氧化铝吸附滤池过滤的工艺，以降低水中氟含量。运行期间出厂水中氟含量平均为 0.43 mg/L，达到了饮用水标准。[14]然而，在实践中，传统活性氧化铝的平衡吸附容量明显低于实验室结果，且只能通过优化自身性质提高除氟能力。近年来，研究者通过化学浸渍提高了活性氧化铝的吸附能力。如明矾浸渍活性氧化铝，会增加原本活性氧化铝的表面积，利于氟化物的吸附，在 8 g/L 的用量下，足以将初始氟化物浓度高达 35 mg/L 的水吸附达到饮用水要求，其再生可通过简单酸碱冲洗完成，吸附最佳 pH 为 6.5，适合饮用用途。[15]将活性氧化铝与硫酸和氯化铁进行复合改性，最大吸附容量可达到未改性活性氧化铝的 3.4 倍，达到了 4.98 mg/g，且经过吸附后溶液中残留铝和铁离子含量均低于世界卫生组织（WHO）限值 0.2 mg/L 和 0.3 mg/L。

近年来，金属有机框架化合物被认为是具有优良除氟潜力的吸附剂。金属有机框架化合物是由金属节点与有机配位体形成的具有周期性网络结构的一类新兴晶体多孔材料，由于其巨大的比表面积、优异的孔隙度、可调节的孔径、拓扑多样性和良好的水热稳定性而备受关注。富马酸锆框架化合物 MOF-801 在 pH 为 2～10 时具有高且稳定的吸附效率，在 303 K 时对氟吸附能力为 40 mg/g，且不受其他阴离子影响,是从水中除氟的良好吸附剂。[16]它由氯化锆和富马酸制成,具有良好水稳定性、大表面积和 UiO-66 型网络拓扑结构。氟化物先会吸附到多孔富马酸锆框架上,然后通过阴离子交换行为取代框架结构中的羟基来达到吸附目的(图 3.4)。[17]富马酸铝框架化合物 AlFuMOF 同样被发现是地下水除氟的绝佳吸附剂,对氟化物表现出优异的吸附性。在 293 K 时,吸附能力为 600 mg/g,比表面积高达 1156 m²/g,主要通过氟离子取代框架中的羟基实现吸附。但由于粉末性质,不建议将富马酸铝框架化合物直接用于水中氟的去除。此外,典型铝基金属有机框架化合物 MIL-96 也可用于饮用水除氟,其此表面积为 272 m²/g,在 298 K 时,最大吸附量为 31.69 mg/g,除氟效率和铝残留量远远优于活性氧化铝吸附剂。[18]尽管金属有机框架化合物有着优异的性能,但其合成过程在本质上相当复杂和昂贵,应用仍然面临着各种条件下的稳定性问题、具有成本效益的大规模生产问题等。深入了解不同吸附剂的氟去除机制将有助于开发更高效的吸附剂。

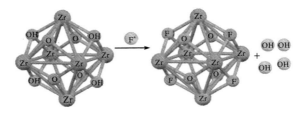

图 3.4　MOF-801 吸附氟离子的机理示意图

8. 电容去离子技术

作为一种新兴且快速发展的电化学技术,电容去离子(CDI)法又称电吸附法脱盐,可以从苦咸水中去除氟离子,并受到越来越多关注。它是通过在电极两端施加电场去除水中离子或分子的脱盐技术,具有低能耗、高能效、可持续性好、再生率高、环境友好等特点。主要电极材料有碳基材料、层状金属氧化物、过渡金属碳化物等。但用于电吸附的碳电极对氟化物没有显著偏好,导致能耗增加,需要研发高选择性、高吸附容量、高稳定性、高循环再生性的氟离子去除电极材料。还原石墨烯氧化物/羟基脂肪酸盐复合材料(rGO/HA)电极可选择性除氟,运行 50 周期后还具有高稳定性,氟化物去除能力保持在 0.21 mmol/g,再生效率约达 96%。[19]然而,传统电容去离子除氟由于电极的静态特征,离子去除能力有限,且离子吸附和电极再生过程需要交替进行,处理所需时间较长。而流动电极电容去离子(FCDI)因其可连续去除离子、电极易于制备、吸附能力大等更具优势。

综上,在众多的除氟方法中,吸附法已被学者们认为是最适宜的方法,因为吸附法除氟效率较高,操作简便,且大部分吸附剂来源广、价格低,已成为我国饮用水除氟领域使用非常多的方法。近些年来,绿色、高性能除氟吸附材料的开发一直是环境领域研究的热点。

3.1.3　铁氧化物吸附剂在环境领域的应用

1. 铁氧化物的种类

铁是地壳中含量排在第四位的元素,广泛存在于水体与土壤中。铁离子在水体中易水解产生不同形态的铁氧化物,与水体中各种元素发生相互作用,对元素的存在状态、迁移转化产生影响。水处理工艺中常用铁的化合物做絮凝剂,利用铁离子水解产物的吸附、配位及卷扫等作用处理目标污染物。因铁离子水解条件的不同导致水解产物的种类众多,每一种类型的产物与水体中其他元素的相互作用都不同,使各种元素在固液界面的行为不同,迁移转化的机理不同,最终去向的存在形态不同。吸附作用是絮凝沉淀去除氟离子过程中存在的重要作用机理之一。因此,揭示铁基吸附剂对氟离子的吸附性能及机理对水体氟污染控制技术的发展有很大的参考价值。经国内外学者的研究证实,吸附法是最适合在小型社区以及较偏远和落后地区的除氟方法。

铁的氢氧化物及氧化物对氟有较好的亲和力,所以近年来铁基吸附剂被越来越多地应用在除氟过程中。目前已知铁氧化物共有 16 种,其中自然界中存在的有 12 种。[20] 图 3.5 是铁的氢氧化物及氧化物在环境中的迁移转化过程,由于二价铁离子暴露在空气中会迅速氧化为三价铁离子,所以自然界中的铁一般以三价的形式存在。三价铁离子在含氯的水环境下水解易形成四方针铁矿(β-FeOOH),同时还很容易形成水铁矿,但水铁矿极其不稳定,会继续转变为更稳定的针铁矿(α-FeOOH)或赤铁矿(α-Fe_2O_3)。三价铁离子最终转变为稳定的针铁矿的过程中,除了生成水铁矿中间体,还会生成六方纤铁矿(δ-FeOOH)等。[20]

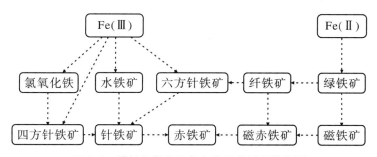

图 3.5　铁的氢氧化物与氧化物的迁移转化图

铁基吸附剂中,羟基氧化铁(FeOOH)由于其大量的氧空位,比表面积较高且有较稳定的理化性质等特点,能够与废水中的重金属离子相互作用,在净化环境中的污染物有着重要的作用,已被逐渐发展成为一种很有前途的吸附材料。表 3.2 列出了几种铁氧化物吸附氟离子的相关数据,可以看出在酸性环境下斯沃特曼铁矿对氟离子的去除作用要优于磁铁矿。而纳米(α-FeOOH)对氟的去除效率较高,仅 2 小时对氟的吸附量就可达到 59 mg/g。Fan 等人将针铁矿固定到再生氧化石墨烯上,采用一步水解法制备了纳米复合材料,新型材料对氟的吸附量达到 24.67 mg/g,且反应时间仅需一小时。[21]

表 3.2 中的斯沃特曼铁矿在酸性条件下能够将氟化物浓度降低到可接受的水平,并且还能再生使用。同样,颗粒状氢氧化铁(GFH)是一种结晶度差的四方针铁矿,它与斯沃特曼铁矿具有类似的 0.5 nm 的孔道结构,但对氟离子的吸附量仅为 7.0 mg/g,这有可能与颗粒大小和结晶度差有关。在自然界的土壤中,二价铁和三价铁可以同时存在,但在水体中大部分铁元素都以可溶态的三价铁的形式存在。水中的三价铁会逐渐水解,最终变为稳定态的铁氧化物。四方针铁矿具有孔道结构,氯离子在孔道内存在,与氟离子的作用机制还不清楚,目前只有关于颗粒状的四方针铁矿(GFH)对氟的吸附有研究,但纳米四方针铁矿与氟的作用机理还不清楚。氟元素与四方针铁矿孔道内部的氯元素同属一族,氟离子的半径仅为 0.133 nm,小于孔道直径的 0.5 nm,所以推测氟离子有可能替换四方针铁矿孔道内的氯离子,有可能对四方针铁矿的吸附性能、矿物学性质都会产生影响。

表 3.2　部分铁氧化物对氟离子的吸附性能

铁氧化物	pH_{pzc}	吸附量 (mg/g)	浓度范围 (mg/L)	反应时间 (h)	pH	反应温度(℃)
斯沃特曼铁矿	4.2	50.2～55.3	10～90	24	3.8	22.6～40
颗粒状氢氧化铁	7.5～8.0	7.0	1～100	24	6～7	25
纳米 α 针铁矿	—	59	5～150	2	5.75	30
合成的菱铁矿	—	1.775	3～20	8～12	4～9	25
磁铁矿	9.32	1.85	200	24	4	25
α-FeOOH-氧化石墨烯	—	24.67	—	1	10.9	25

2. 四方针铁矿及其结构特征

四方针铁矿(β-FeOOH)广泛存在于土壤、沉积物和矿山废水等自然环境中,是一类重要的羟基氧化铁。根据晶型,羟基氧化铁主要可划分为四种同质异构体,表 3.3 列举了这四种羟基氧化铁。在这些氧化铁中,四方针铁矿是一种天然的铁矿,因其独特的吸附、离子交换和催化性能而受到广泛的研究。四方针铁矿最先被 Nambu 作为 FeOOH 的一种自然形式描述成 β-FeOOH,这种氢氧化物具有孔道结构,为单斜晶系。这种孔道骨架使四方针铁矿应用到很多领域,如电极材料、催化剂、离子交换材料和吸附剂等。四方针铁矿易于处理,成本相对较低,在去除水中污染物时具有较高的选择性,使其成为去除重金属和其他污染物的一种有吸引力的吸附剂。

表 3.3　羟基氧化铁(FeOOH)的种类

名称	英文名	俗　称	颜色	形　状	晶系	阴离子排列方式
α-FeOOH	goethite	针铁矿	黄褐色	针状纺锤状长片状	斜方	六方密堆积
β-FeOOH	akaganeite	四方针铁矿	金黄色	针状纺锤状	四方	体心立方面堆积
γ-FeOOH	lepidocrocite	纤铁矿	淡橙棕色	长片状针状	斜方	面心立方密堆积
δ-FeOOH	feroxyhite	六方纤铁矿	棕色	六角片状	六方	六方密堆积

　　不同羟基氧化铁的结构差异主要是在铁氧八面体的排列规则上,四方针铁矿中的 Fe^{3+} 位于八面体空隙中,结构中包含着共用边的双链八面体,双链和相邻链之间的共用角,形成了一个向 c 轴方向延伸的三维双排八面体隧道型空穴结构,每单位晶胞中有 1 个孔径为 0.5 nm 的孔道结构。孔道中含有一排阴离子,阴离子可以为 Cl^-、F^-、OH^-,其结构示意图如图 3.6 所示。[22] 由于四方针铁矿的特殊结构特征,经常用红外光谱分析方法对其结构变化进行分析。四方针铁矿表面羟基的伸缩振动峰为 3340 cm^{-1};在 1610 cm^{-1}、1384 cm^{-1} 和 1060 cm^{-1} 处的峰是吸收水分子或结构羟基的振动所致;在波数 847 cm^{-1} 和 671 cm^{-1} 处的吸收峰被指定为四方针铁矿中的 Fe—O 特征峰,在 900~450 cm^{-1} 的峰归因于 O—H···Cl 的伸缩振动峰,即四方针铁矿含有氯的特征峰。

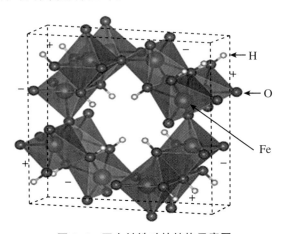

图 3.6　四方针铁矿的结构示意图

　　颗粒氢氧化铁(GFH)是一种具有高多孔性、大表面积的赤铁矿状矿物吸附剂,它是结晶不良的 β-FeOOH,商业上可买到,在评估污染物去除方法时经常被考虑。该材料的粒径范围为 0.11~2.0 mm,比表面积范围为 206~300 m^2/g。GFH作为一种商业多孔铁吸附剂已被证明从受污染的水中可去除铬、铀、砷、磷、氟、天然有机物和其他污染物有明显效果。已有学者研究过 GFH 对氟离子的去除,但吸附量仅有 7.0 mg/g,不是理想的氟吸附剂。基于铁元素易得、廉价、无毒等性质,尤其是氯化铁絮凝剂在水处理中的广泛应用,揭示四方针铁矿对氟离子的吸附作用对该吸附剂在饮用水处理中的推广有重要意义。

3.1.4　研究目的及研究内容

1. 研究目的

四方针铁矿是铁氧化物的一种,羟基含量高、具有孔道结构、比表面积大、在表面和孔道中存在大量的羟基,可与其他离子发生交换。四方针铁矿能存在的 pH 范围广(4～10),能应用于各种水体环境中。由于铁元素在水中逐渐水解成不同形态的氧化物,每种氧化物对去除氟离子的贡献有可能不同。氯化铁是常用的絮凝剂,氯化铁水解的过程中易生成特殊孔道结构的四方针铁矿,其与氟离子的相互作用本质、对氟离子的去除机理及贡献等还未见详细报道,考虑到水解过程的复杂性,本研究只聚焦富含氯离子条件下易形成的特殊孔道结构的四方针铁矿与氟离子的相互作用,为絮凝沉淀除氟过程中发生的部分除氟机理的解释,为低成本氟吸附剂的研发及在饮用水源除氟技术的完善提供科学依据。

2. 研究内容

本研究使用三氯化铁在高温水解制备四方针铁矿,对水中氟离子进行吸附去除,探究不同条件对吸附量、吸附机理的影响,揭示四方针铁矿吸附去除氟离子的潜在性能。主要分为以下几个部分:

第一部分:通过水热合成法合成四方针铁矿,通过 X 射线衍射法(XRD)、红外光谱分析法(FT-IR)对四方针铁矿进行表征。再利用扫描电子显微镜(SEM)和透射电子显微镜(TEM)观察合成的样品的形貌和结构,分析其结构特征。

第二部分:用四方针铁矿作为吸附剂研究对氟离子的吸附性能;研究 pH、初始浓度、温度、共存离子等因素对吸附的影响,通过吸附等温模型处理数据,进而研究吸附的机理。

第三部分:从矿物学的角度研究吸附氟离子前后的四方针铁矿的矿学性质的稳定性,揭示四方针铁矿在水体氟污染控制中的潜力。

3.2　四方针铁矿吸附水中氟离子的性能

四方针铁矿作为一种较常见的羟基氧化铁,易生成于氯离子含量高的水体中。揭示四方针铁矿的生成对水体中氟离子迁移转化的影响,尤其是为吸附去除水中氟离子的水处理技术的可行性进行探讨,本研究利用 FeCl₃ 通过水热合成法合成了四方针铁矿,研究其对氟离子的吸附性能。

3.2.1　四方针铁矿的合成及表征

在 1 L 的三角烧杯中加入 500 mL 浓度为 0.1 mol/L 的三氯化铁溶液,用铝箔封口后放入 70 ℃ 的恒温振荡器中以 120 r/min 的速度振荡 48 h,取出冷却至室温,将溶液用 0.45 μm 滤膜过滤得到棕黄色固体,常温干燥后置于干燥器内干燥备用。为表征实验合成得到的固体样品,通过 X 射线衍射法(XRD)、傅里叶红外光谱法(FT-IR)等光谱分析方法确定其矿学性质及分子结构;通过扫描电子显微镜(SEM)和透射电子显微镜(TEM)观察固体的微观结构,再通过 BET 法分析确定固体的比表面积。

3.2.2　四方针铁矿对氟离子的吸附

1. 溶液初始 pH 对吸附性能的影响

在 8 个 250 mL 锥形瓶中分别加入 200 mL 浓度为 10 mg/L 的氟化钠溶液。分别称取 0.1 g 合成的四方针铁矿添加在上述 8 份溶液中,调节其初始 pH 在 4～11 范围内,在 25℃、转速 120 r/min 的条件下恒温水浴振荡 6 h 后,取上清液并过 0.45 μm 滤膜得到滤液。用离子色谱测定滤液中氟离子和氯离子的浓度,并通过

$$Q_e = \frac{V(C_0 - C_e)}{m} \tag{3.1}$$

计算四方针铁矿对氟离子的吸附量。将吸附后的溶液进行抽滤,对得到的固体进行常温干燥,转移至密封袋中保存。式中,Q_e 为平衡时的吸附量,单位为 mg/g;C_0 和 C_e 分别是初始浓度和平衡时的浓度,单位为 mg/L;V 为溶液的体积,单位为 L;m 为吸附剂的质量,单位为 g。

2. 氟离子初始浓度对吸附性能的影响

用氟化钠储备液配置氟离子浓度为 2～40 mg/L 的 7 份溶液,将 0.1 g 的四方针铁矿加入到 7 份溶液中,调节初始 pH 为 8.0±0.2,用与上述第 1 点相同的条件进行吸附实验,计算四方针铁矿对氟离子的吸附量。同时也测定了滤液中氯离子的含量,并对吸附后的溶液进行抽滤,并将干燥得到的固体放入密封袋内保存。

3. 共存离子对吸附性能的影响

基于地表水中常见离子的典型浓度范围,选取了三个浓度水平下进行了这些常见阴离子和阳离子对四方针铁矿吸附氟的影响。用 NaF 储备液和 NaNO₃ 溶液配置了浓度为 10 mg/L 的 NaF 和一定浓度(表 3.4)的 NaNO₃ 的混合溶液

200 mL,加入 0.1 g 四方针铁矿进行吸附,与上述第 1 点一样的方法计算共存离子存在下的氟离子吸附量。用 Na_2SO_4、Na_2SiO_4、$NaHCO_3$、$NaCl$、$CaCl_2$、$MgCl_2$ 等无机盐(相应的浓度见表 3.4)代替 $NaNO_3$,配置相应的混合溶液同样进行吸附。

表 3.4 共存离子实验中的浓度梯度

	浓度水平 1	浓度水平 2	浓度水平 3
硝酸根(mg/L)	4	15	22
硫酸根(mg/L)	60	100	150
硅(mg/L)	10	40	60
碳酸氢根(mg/L)	100	300	600
钠离子(mg/L)	20	200	400
镁离子(mg/L)	20	150	300
钙离子(mg/L)	20	100	150

4. 温度对吸附性能的影响

用 NaF 储备液配置浓度为 30 mg/L 的溶液,加入 0.1 g 四方针铁矿,分别在 298 K、308 K 和 318 K 条件下,按照上述第 1 点的实验步骤进行吸附实验,测定吸附平衡浓度与平衡吸附量,进行热力学拟合,计算吸附的焓变(ΔH)、熵变(ΔS)与吉布斯自由能变(ΔG)。吸附过程的各热力学参数的变化一般由吉布斯自由能变公式(式(1.11))和 Vant' Hoffs(式(1.9))计算得到。

5. 吸附动力学实验

吸附动力学是表征吸附剂对吸附质吸附速率的物理量,是表征吸附有效性的重要特征之一。本节选择氟离子初始浓度分别是 2 mg/L、5 mg/L、15 mg/L、20 mg/L 和 40 mg/L 的溶液进行吸附动力学实验。分别在吸附进行的第 10 min、20 min、30 min、40 min、60 min、80 min、100 min、120 min、150 min 进行取样,测定滤液中氟离子浓度,计算吸附量,进行典型几种吸附动力学模型的拟合处理。

6. 吸附氟离子对四方针铁矿矿学性质的影响

氯离子沿孔道的流动性和离子吸附能力使四方针铁矿特别适合进行催化和离子交换的应用,同时当氯含量降低到阈值以下时,其结构会转变为针铁矿。[23] 为探究四方针铁矿吸附氟离子后对其自身稳定性的影响,将四方针铁矿分别放入纯水、5 mg/L 的氟离子溶液和 20 mg/L 的氟离子溶液中进行浸泡(pH = 8)。分别在浸泡的第 15 天、45 天和 90 天取出溶液过滤,将固体干燥后进行 XRD 的测定。

3.3　实验结果与讨论

3.3.1　合成样品的表征

通过水热合成法制备的固体样品实物外观如图 3.7 所示,合成样品的外观为深棕色、细小的粉末状固体,与其他研究者合成样品的外观特征一致。

图 3.7　合成样品的外观

1. 合成样品物相分析

X 射线衍射技术已经成为分析固体矿物结构的一种重要手段,通过分析固体样品的 X 射线衍射图谱,可判断样品的物相与结晶度。这种分析物相的方法具有不损伤样品、无污染、快捷、测量精度高、能得到有关晶体完整的大量信息等优点,越来越成为材料学、化学、地质、环境等领域物质结构和成分分析的重要手段。图 3.8(a)是合成样品的 XRD 谱图,谱图中有 11 个较为尖锐的峰,对应 2θ 角分别为 $11.5°$、$16.8°$、$26.7°$、$34.6°$、$35.2°$、$39.2°$、$46.4°$、$52.9°$、$55.9°$、$61.1°$ 和 $64.4°$,均与 JCPDS 标准卡片(34-1266)中四方针铁矿的特征峰相对应[24],而且与其他研究者制备的四方针铁矿的 XRD 谱图类似,说明本次合成的固体样品是结晶度良好的典型的四方针铁矿。

为进一步了解样品的微观结构,又对该样品进行了红外光谱的测定。红外光谱分析方法是利用光谱图中吸收峰的波长、强度和形状来判断分子中的官能团,进而对分子进行结构分析的一种方法。文献报道四方针铁矿的结构中存在—OH、O—Fe—O、O—H⋯Cl 等基团。图 3.8(b)为合成样品的 FT-IR 谱图,图中位于 3384 cm^{-1} 处的宽而强的峰和位于 1640 cm^{-1} 处的弱峰属于水中羟基—OH 的伸缩振动峰。2349 cm^{-1} 处的峰属于二氧化碳的非对称伸缩振动峰,420 cm^{-1} 处的峰属于四方针铁矿中 Fe—O 键的伸缩振动峰,845 cm^{-1} 和 685 cm^{-1} 处的峰可能属于四方针铁矿孔道内的 O—H⋯Cl 的振动峰。[25]

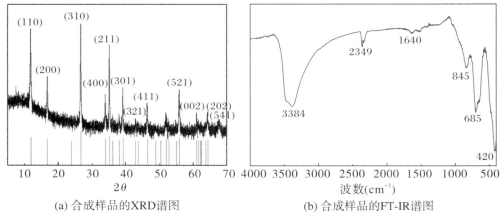

(a) 合成样品的XRD谱图　　　　　　　(b) 合成样品的FT-IR谱图

图 3.8　合成样品的 XRD 谱图和 FT-IR 谱图

2. 合成样品形貌特征分析

为了解本次合成样品微观形貌和孔道结构,对合成的固体样品进行了扫描电子显微镜(SEM)和透射电子显微镜(TEM)的观察。如图 3.9 所示,合成样品的形貌呈纺锤体状、针状颗粒,且颗粒长约为 200 nm,直径约为 30 nm,部分晶体团聚

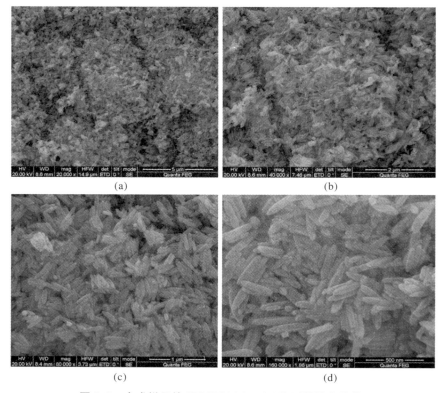

图 3.9　合成样品的 SEM 图((a)～(d)为不同放大倍数)

在一起,部分晶体零散排列,与文献中描述的四方针铁的形貌完全基本一致。为进一步观察颗粒内部结构,对样品进行了透射电子显微镜(TEM)的观察,结果如图3.10(a),(b)所示。在 TEM 图中,颗粒长度和直径与 SEM 的结果基本相同,且在图中能清晰地观察到平行均匀的白色条纹,说明每个颗粒中有平行的孔道结构。从样品选区的电子衍射图(SAED,图 3.10(c))可以看出,样品结构中原子排列有序,进一步说明制备的样品具有排列整齐的孔道结构,并且显示出可重复的衍射环,这与单斜的四方针铁矿的结构相关联。与文献中描述的四方针铁矿的孔道结构的特点相一致。以上所有表征手段说明,本方法成功合成了四方针铁矿。

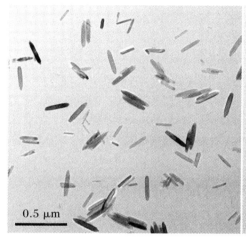 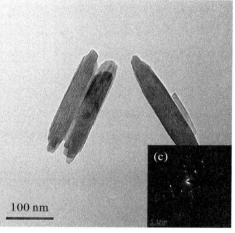

(a) 合成样品的TEM图   (b) 合成样品的TEM图   (c) 选用电子衍射图

图 3.10   合成样品的 TEM 图和选区电子衍射图(SAED)

3. 合成样品比表面积测定

为进一步了解所制备四方针铁矿的理化性质,对四方针铁矿进行了氮气吸附-脱附测定,结果如图 3.11 所示。由图 3.11(a)可以看出相对压力 $P/P_0 < 0.4$ 时,吸脱附等温线重合且均呈缓慢上升趋势,是因为吸附开始时,首先形成单分子吸附层,当单分子层接近饱和时,开始发生多分子层吸附。相对压力 $P/P_0 > 0.4$ 时,因为在吸附过程中,分子在低于常压下冷凝填充了介孔孔道,由于开始发生毛细凝结时是在孔壁上的环状吸附液膜面上进行的,而脱附是从孔口的球形弯月液面开始,所需的压力更低,从而使吸-脱附曲线不重合,出现滞后环。P/P_0 接近 0.8 左右时,吸附量突增,证明发生了毛细管凝聚现象,多层吸附后紧接着吸附量急剧增加的毛细管凝结,这是介孔材料典型的吸附等温线类型,证明样品具有 2 nm 以上的孔,而脱附等温线在高压段时呈现出的滞后环线说明样品的吸附性主要源于微孔。最终曲线表现为典型的 V 型吸附等温线和 H3 型滞后环,合成的样品中含有大量的介孔和部分的微孔。

吸附剂孔径大小与吸附剂的吸附机理密切相关。孔径越小,比表面积越大,吸附剂的吸附量越大。基于 N_2 气吸附-脱附曲线计算得到的四方针铁矿的孔径与孔容关系如图 3.11(b)所示。可以看出合成的四方针铁矿含有大量孔径为 20～60 nm 的孔洞,且对孔容贡献最大的是孔径小于 2 nm 的孔洞。通过 BET 法测定得到的合成四方针铁矿的比表面积为 50.434 m^2/g,比表面积适中。

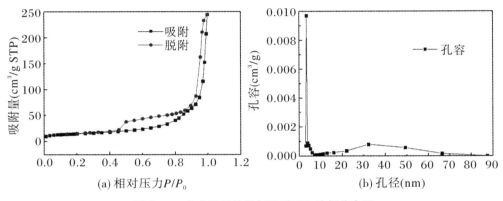

(a) 相对压力 P/P_0 　　　　　(b) 孔径(nm)

图 3.11　合成样品的氮气吸脱附和孔径分布图

3.3.2　不同条件对四方针铁矿吸附氟离子的影响

1. 溶液初始 pH 对吸附的影响

吸附过程中 pH 的大小不仅影响吸附剂表面官能团质子化或去质子化性能,也影响吸附质在溶液中存在的物种(形态)分布分数,是影响吸附量的重要因素之一。适宜的 pH 是保证吸附剂对某种吸附质高效吸附的必要条件,也是判断吸附剂适用于哪些领域的参考参数。为研究溶液 pH 对四方针铁矿吸附氟离子的影响,改变溶液的初始 pH,用同等质量的四方针铁矿吸附相同浓度(5 mg/L)的氟化钠溶液,得到了氟离子吸附量与初始 pH 变化的关系,结果如图 3.12 所示。由图可知,在实验设计的浓度(实验浓度较低,5 mg/L)条件下,四方针铁矿在 pH＝4～10 的范围内对氟离子的吸附量在 9.5 mg/g 左右,稍大于颗粒状四方针铁矿对氟的吸附量,大于合成的菱铁矿和磁铁矿对氟的吸附量(表 3.2),说明本次合成的四方针铁矿对氟有较好的吸附作用。并且在 pH＝4～10 的范围内吸附量随初始 pH 的变化不大,说明此 pH 条件对四方针铁矿吸附氟离子没有显著的影响。但在 pH 约为11 时,氟离子吸附量有显著降低,说明此条件不适宜吸附氟离子。这有可能与四方针铁矿在 pH＝4～10 范围内才稳定存在的理化性质有关,当 pH 上升到 11 时,四方针铁矿有可能开始转变为针铁矿(α-FeOOH)导致吸附量降低。或四方针铁矿表面被—OH 占据,氟离子不易取代导致。

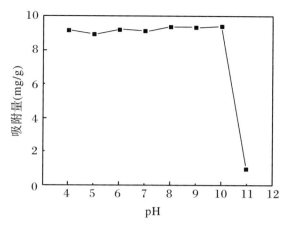

图 3.12　四方针铁矿吸附氟离子的吸附量随初始 pH 的变化（C_0：5 mg/L）

2. 氟离子初始浓度对吸附的影响

吸附质浓度的大小影响吸附速度的快慢和吸附量的大小。图 3.13 是初始浓度的改变对四方针铁矿对氟离子吸附量的变化趋势图。当初始浓度为较低的 2 mg/L 和 5 mg/L 时，吸附反应在 30 min 内就迅速达到平衡，表明在设定的浓度下四方针铁矿对氟离子的吸附较快。这是因为在吸附剂的量一定时，吸附质的浓度越低，吸附质分子与吸附剂活性位点接触的概率越大，吸附反应进行的概率越大，吸附反应更快达到平衡。当吸附质浓度从 10 mg/L 升高到 40 mg/L 时，吸附速度变快，但吸附平衡所需要的时间延长到 150 min 左右，说明随着浓度升高四方针铁矿上大量活性吸附位点接触氟离子的机会增加，促进了氟离子的吸附速率，又因为吸附点位迅速被氟离子占据，上述吸附剂与吸附质的接触概率降低（因为吸附剂的量是固定的），达到饱和吸附的时间变慢。所有浓度对应的吸附量几乎都集中在 23 mg/g 左右，说明四方针铁矿对氟离子的吸附量适中。

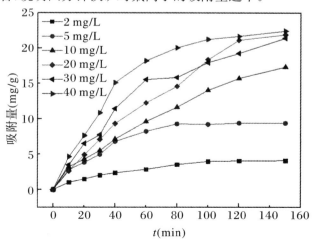

图 3.13　四方针铁矿对氟离子的吸附量随时间的变化（T：25℃）

为进一步研究四方针铁矿对氟离子的理论吸附量和吸附机理,用 Langmuir, Freundlich,D-R 和 Temkin 四种非线性双参数等温吸附模型对上述实验数据进行了非线性拟合,模型公式见式(1.2)~式(1.5),拟合结果如图 3.14 所示,得到的相关参数如表 3.5 所示。由拟合图和拟合得到的相关系数 R^2 的大小可以判断四方针铁矿吸附氟离子的过程较好地符合 Langmuir 等温吸附模型,说明吸附过程发生在均匀表面的单层的化学吸附,即氟离子在四方针铁矿表面发生了键合反应。通过 Langmuir 公式计算得到的最大理论吸附量为 23.86 mg/g,与 α-FeOOH—氧化石墨烯对氟离子的吸附量相当(24.67 mg/g),小于酸性环境下斯沃特曼铁矿对氟离子吸附量(51 mg/g 左右),说明四方针铁矿适合吸附去除氟离子。

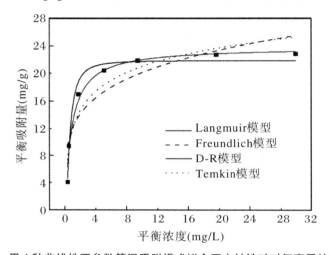

图 3.14　用 4 种非线性双参数等温吸附模式拟合四方针铁矿对氟离子的吸附曲线

表 3.5　四方针铁矿吸附氟离子的四种非线性双参数等温吸附模式拟合参数(T:25 ℃)

Langmuir 模型		Freundlich 模型		D-R 模型		Temkin 模型	
Q_L(mg/g)	23.86	K_F	12.23	Q_D(mg/g)	21.91	A_T	12.05
K_L(L/mg)	3.33	n	4.61	A_D	0.72	B_T	3.91
R^2	0.9745	R^2	0.7762	R^2	0.9735	R^2	0.88

3. 共存离子对吸附的影响

在自然界含氟水体中通常含有多种阴阳离子,这些阴阳离子的存在有可能对四方针铁矿吸附氟产生一定的影响。一般情况下,地下水中常见阴离子 NO_3^-、SO_4^{2-}、SiO_4^{2-} 和 HCO_3^- 的浓度范围是 3~30 mg/L、20~150 mg/L、10~60 mg/L(以 Si 计)和 100~600 mg/L。常见阳离子 Na^+、Mg^{2+} 和 Ca^{2+} 的浓度范围是 10~450 mg/L、15~350 mg/L 和 20~160 mg/L。为研究四方针铁矿吸附实际水体中氟离子时其他共存离子的影响,选取表 3.4 中的常见的几种阴阳离子进行实验。且共存离子的浓度梯度是根据内蒙古地区部分地下水中各种阴阳离子的含量为参考,尽可能涵盖上述浓度范围,其中硝酸根与硫酸根的参考数值可见表3.6所示。

表 3.6　内蒙古地区部分地下水 NO_3^-、SO_4^{2-} 离子浓度

	硝酸根(mg/L)	硫酸根(mg/L)
四子王旗	0~34	30~140
土默川平原	0~30	1~212
鄂尔多斯盆地	0~65	10~178
杭锦旗油气区	1~20	25~120

图 3.15 是四方针铁矿吸附氟离子过程中共存离子对吸附量的影响,图中的虚线代表空白条件下对氟的吸附量。从图可知,各种共存离子因其种类和浓度不同影响也不同。总体上阳离子对吸附的影响比阴离子的小,大部分阳离子的影响均不足 18%;同一种离子,浓度低的影响比浓度高的小。阴离子中,碳酸氢根对吸附的影响最大,3 个浓度梯度下吸附量分别下降了 76%、82% 与 88%。这有可能与实验设计的碳酸氢根浓度较大有关。碳酸的第一电离常数 pK_a 为 6.38,在实验进行的 pH=8 的条件下碳酸主要以碳酸氢根的形式存在,溶液中氟离子有可能通过氢键与碳酸氢根上的氢原子结合(F—HCO_3^-),降低了溶液中自由氟离子的浓度,影响了氟离子与四方针铁矿的相互作用。其次是硫酸根也有一定的影响,这可能是硫酸根所带的电荷是氟离子的两倍,吸附一分子的硫酸根需要消耗两个吸附点位,导致吸附剂表面的吸附位点减少。其他共存离子,比如硝酸根和硅酸根,在低浓度时几乎没有影响,随着浓度的升高影响也变大,这与整体溶液的离子强度增加有关。总之,阳离子对氟的吸附影响小,阴离子中碳酸氢根的影响最大。因此,四方针铁矿适合于吸附去除低浓度碳酸溶液中氟离子,也可以说明水体中四方针铁矿的生成不仅对氟离子的迁移转化有影响,还对碳酸根的迁移转化有影响。

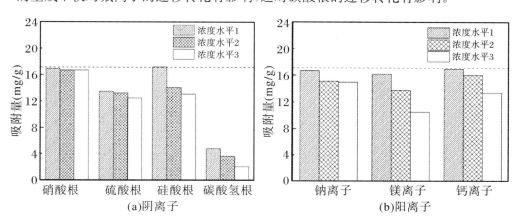

图 3.15　共存离子存在时四方针铁矿对氟离子的吸附量

4. 四方针铁矿吸附氟离子的热力学特性

本研究选择初始浓度为 30 mg/L 的氟化钠溶液,分别在 298 K、308 K、318 K 温度条件下进行了吸附实验,并对不同温度条件下的吸附数据进行了热力学参数的计算。图 3.16 是不同温度条件下四方针铁矿对氟离子吸附量随时间的变化。由图可知,在 0～30 min 之内,对氟离子吸附量的变化与温度无关,迅速达到 7 mg/g 以上;随着温度的升高,同一时间段的氟离子吸附量有所降低,说明四方针铁矿对氟离子的吸附是放热反应。通过热力学参数计算式(1.9)～式(1.12)计算得出吉布斯自由能变化(ΔG)、焓变(ΔH)和熵变(ΔS)等,评价四方针铁矿对氟离子吸附的热力学性质,具体数值见表 3.7。在 298 K、308 K、318 K 下 ΔG 分别是 -0.167 kJ/mol、-0.136 kJ/mol、-0.144 kJ/mol,说明在这三个温度条件下吸附反应自发进行。实验数据通过计算得到的 ΔH 等于 -0.956 kJ/mol,小于 80 kJ/mol,表明吸附过程是放热反应,属于物理吸附;依据式(1.12)绘制的活化能与温度的关系如图3.17所示,且根据斜率计算得到的活化能 E_a 等于 -5.485 kJ/mol,小于 40 kJ/mol,也说明物理吸附。从热力学角度分析,四方针铁矿对氟离子的吸附

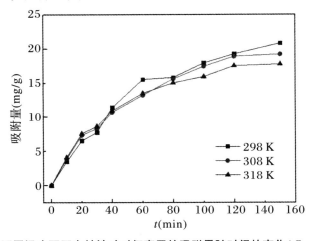

图 3.16　不同温度下四方针铁矿对氟离子的吸附量随时间的变化(C_0:30 mg/L)

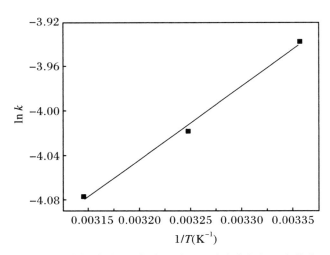

图 3.17　四方针铁矿吸附氟离子的吸附速率常数与温度的关系

是个放热反应的物理吸附。与上述吸附等温模型得到的化学吸附的结果矛盾,需要进一步研究。

表 3.7　四方针铁矿吸附氟离子的吸附热力学参数

温度(K)	ΔG(kJ/mol)	ΔH(kJ/mol)	ΔS(J/mol·K)	E_a(kJ/mol)
298	-0.167			
308	-0.136	-0.956	-2.657	-5.485
318	-0.114			

5. 四方针铁矿吸附氟离子的动力学特性

选择氟离子初始浓度分别是 2 mg/L、5 mg/L、15 mg/L、20 mg/L 和 40 mg/L 的几种溶液进行吸附动力学实验,并对吸附数据按照式(1.6)和式(1.7)分别作非线性伪一级和伪二级吸附动力学模式拟合曲线,拟合结果如图 3.18 所示,相关参数如表 3.8 所示。从相关系数 R^2 可以看出,四方针铁矿对氟离子的吸附数据与伪一级吸附动力学模型吻合度高,推测吸附过程的吸附速率主要靠物理吸附过程控速。

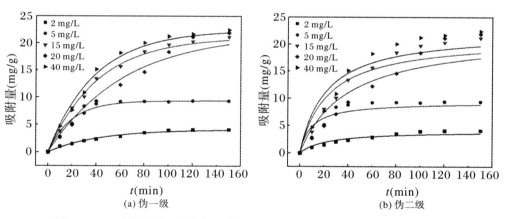

图 3.18　四方针铁矿吸附氟离子的伪一级与伪二级吸附动力学模式拟合曲线

表 3.8　四方针铁矿吸附氟离子的吸附动力学参数

浓度 (mg/L)	伪一级		伪二级	
	K_1	R_1^2	K_2	R_2^2
2	0.0235	0.9868	0.0106	0.9122
5	0.0504	0.9693	0.0112	0.8849
15	0.0237	0.9954	0.0021	0.9214
20	0.0155	0.9672	0.0012	0.8729
40	0.0253	0.9910	0.0021	0.9081

6. 吸附氟离子对四方针铁矿矿学性质的影响

四方针铁矿在碱性环境下会转变为针铁矿,具体转变情况受诸多因素影响,如温度、溶液浓度、pH、时间等,条件不同,转化时间也差别很大,少则一两周,多则几个月。且转化中释放有氯离子进入溶液,溶液中氯离子浓度的升高又会促进四方针铁矿的重新生成,阻碍继续转化。因此,对四方针铁矿稳定性的影响因素有待于进一步研究。本课题主要研究氟的吸附对四方针铁矿稳定性的影响。为研究氟离子的吸附对四方针铁矿稳定性的影响,对上述不同 pH 条件下吸附氟离子的四方针铁矿进行了 XRD 和 SEM 的测定和观察,如图 3.19 所示。图 3.19(a)可以看到不同 pH 值下吸附前后的 XRD 谱图基本相同,均与四方针铁矿的特征峰一一对应。在 3.19(b)的 SEM 谱图中,吸附后的四方针铁矿仍然保留着四方针铁矿特有的米粒状形貌特征,再次说明氟的吸附对四方针铁矿的形貌没有影响。证明在设定的实验条件下(C_0:10 mg/L,t:3 h)吸附氟离子后并不会对四方针铁矿的矿学性质、结晶度和形貌产生影响。

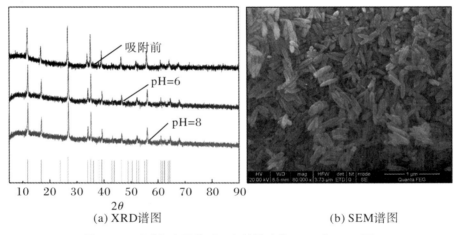

(a) XRD谱图　　　　　　　　　　　(b) SEM谱图

图 3.19　吸附氟离子前后四方针铁矿的 XRD 和 SEM 图

注:pH＝6 和 pH＝8 代表在不同 pH 条件下进行氟离子的吸附。

为明确时间长度对吸附氟离子的四方针铁矿矿学性质的影响,分别设置两个浓度梯度,使四方针铁矿达到未饱和、饱和的状态。具体操作如下:将一定量的四方针铁矿放入不同浓度的氟化钠溶液中(pH＝8),进行吸附、浸泡。经过 15 天、45 天和 90 天后取出部分样品过滤得到固体、自然干燥后进行 XRD 测定,结果如图 3.20 所示。同时,为进行对比,将同样量的四方针铁矿放入纯水中,以同样的方法取样,过滤、进行 XRD 测定。从图 3.20(a)可以看出,未吸附氟的四方针铁矿在纯水中浸泡后,在开始的 15 天到 45 天内的 XRD 谱图没有明显的变化,说明在这个时间尺度上能稳定存在。但经过 90 天后,四方针铁矿的谱图开始变化,在 2θ 角为

$32.2°$，$33.4°$，$34.9°$，$36.8°$和 $41.2°$时出现了属于针铁矿的宽峰，说明四方针铁矿开始慢慢转变成针铁矿。无论是低浓度（5 mg/L，图 3.20（b））或高浓度（20 mg/L，图 3.20（c））的氟离子溶液中，四方针铁矿吸附氟离子后继续浸泡 45 天对其晶体结构没有明显的影响，说明氟离子的吸附对四方针铁矿矿学性质没有影响。但是浸泡 90 天的样品的 XRD 谱图有明显的变化，说明四方针铁矿变成了针铁矿。从图 3.20 可以判断，有无氟离子的存在对四方针铁矿矿学性质的转变没有明显的影响。

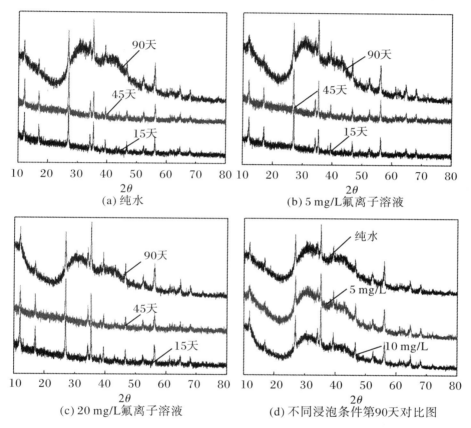

图 3.20　浸泡在不同介质中四方针铁矿 XRD 谱图随时间的变化

3.3.3　四方针铁矿对氟离子的吸附机理

四方针铁矿表面存在着大量的羟基和氯离子，同时晶体的孔道内也含有整齐排列的氯离子和羟基。为了探究四方针铁矿吸附氟离子的详细机理，测定了吸附过程中溶液 pH 的变化，滤液中释放的氯离子含量，并将氯离子增加的浓度与氟离子减少的浓度的关系进行了物质的量的比较。对四方针铁矿吸附氟离子前后的样品进行了 XPS、FT-IR 以及 XRD 的测定，分析了吸附前后四方针铁矿微观结构变化。通过分析 XPS 测定数据,获得目标原子周围电子云密度变化,进而揭示与氟原子直接键合的原子。

四方针铁矿结构与其他铁氧化物的最大区别在于存在一个直径为 0.5 nm 的孔道,孔道内存在氯离子,有可能在吸附过程中进行交换,对四方针铁矿的结构有所影响。为研究吸附过程中有无氟离子与氯离子的交换,对上述四方针铁矿吸附氟离子的溶液进行过滤,用离子色谱测定了滤液中氯离子的含量。作为对照,将四方针铁矿直接放入超纯水中,按时间间隔取样过滤,测定了四方针铁矿释放的氯离子的浓度,结果如图 3.21 所示。四方针铁矿在纯水中就会释放氯离子,且随着时间的延长释放量增加,最后达到平衡。而四方针铁矿吸附氟离子的过程中同样会释放氯离子,并随着吸附时间的延长氯离子的释放量逐渐变大,最终达到平衡。但吸附过程释放的氯离子的量比纯水中释放的量大,说明吸附过程中部分氯离子与氟离子交换。图中氯离子的释放量与溶液初始 pH 有关,在 pH = 8 时释放量最大,与吸附量在 pH = 8 条件下相对较大结果一致,表明对部分氟离子的吸附是通过与氯离子的交换完成的。

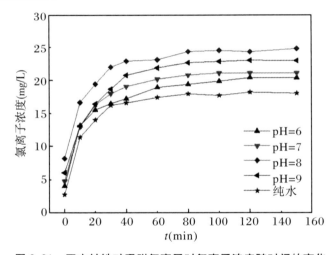

图 3.21 四方针铁矿吸附氟离子时氯离子浓度随时间的变化

为进一步明确氟离子的吸附量与氯离子释放浓度之间的关系,选取不同氟离子初始浓度下进行了吸附实验,将溶液中氟离子浓度减少的量与氯离子浓度增加的量进行了物质的量的对比,如图 3.22 所示。图中氯离子增加的浓度是从吸附过程中释放的氯离子的浓度减去四方针铁矿在纯水中释放的氯离子的浓度得到。发现氟离子减少的物质的量远大于氯离子增加的物质的量,说明只有部分氟离子是通过与氯离子的交换完成,还有大部分的氟离子通过其他反应进行吸附。以初始浓度为 40 mg/L 的溶液为例,氟离子减少的物质的量浓度约为 0.6 mol/L,氯离子增加的物质的量浓度仅有 0.18 mol/L。因此,用四方针铁矿吸附氟离子的过程中,四方针铁矿孔道内氯离子参与吸附反应,通过孔道内的交换部分氟离子进入孔道内。

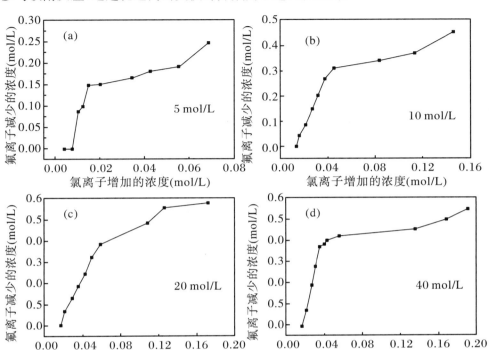

图 3.22　不同浓度下四方针铁矿吸附氟离子时氟离子与氯离子的关系图

为进一步确认吸附过程中四方针铁矿孔道结构的贡献,对 pH=6 和 pH=8 的条件下吸附氟的固体样品进行了 FT-IR 的测定。在图 3.23 中,吸附前的四方针铁矿的典型吸收峰在 420 cm^{-1}、845 cm^{-1} 和 685 cm^{-1} 处,分别代表 Fe—O 键、O—H…Cl 的振动。[25]而吸附后的谱图中,除了 420 cm^{-1} 处的峰没变,在 845 cm^{-1}

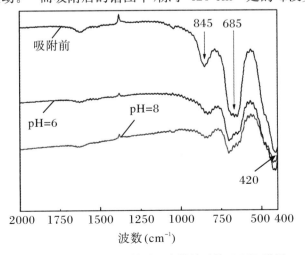

图 3.23　吸附氟离子前后四方针铁矿的 FT-IR 谱图

和 685 cm^{-1}处的峰强有明显的变化,说明 O—H···Cl 键的振动减弱,氯离子含量减少。[25]在 685 cm^{-1}处的峰发生了明显的偏移,有可能是 O—H···Cl 键变成了O—H···F 键导致。而且这种倾向在不同的 pH 条件下有相同的趋势,与上述不同pH 条件下氯离子释放量区别不大的现象一致。

X 射线光电子能谱技术(XPS)是一种研究物质表层元素组成与离子状态的表面分析技术,可以根据测得的光电子动能确定表面存在哪些元素,同时也可以通过某种能量的光电子的强度可知某元素在表面的含量,还可以根据结合能的位移了解该元素的化学状态。为研究氟离子在四方针铁矿上发生的反应机理,对吸附前后的四方针铁矿进行了 XPS 测定。

图 3.24(a)为吸附前后四方针铁矿的 XPS 全谱,在吸附前的谱图中观察到了Cl 2p、C 1s、O 1s 和 Fe 2p 轨道的峰,在吸附后的谱图中,除了观察到了上述谱图之外还出现了 F 1s 轨道的峰,说明四方针铁矿表面存在氟元素。对结合能 678~697 eV 进行了局部的放大,得到了明显的属于 F 1s 的谱峰,如图 3.24(b)所示。

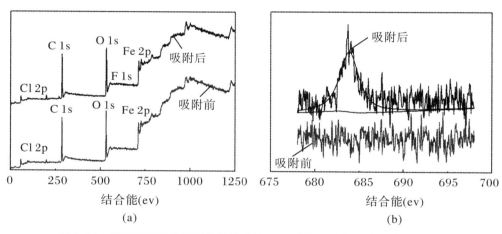

图 3.24　吸附氟离子前后四方针铁矿的 XPS 谱图((b)为(a)的局部放大图)

由于吸附过程中涉及氯离子的交换作用,所以对吸附前后四方针铁矿表面的氯元素进行了 XPS 分析。由图 3.25 可知,吸附前后 Cl 2p 轨道的 XPS 谱图形状有明显的变化,说明氯离子参与了吸附过程。[26]在吸附氟离子后的四方针铁矿的Cl 2p 轨道的谱图中,分别属于氯原子 2p$_{3/2}$和 2p$_{1/2}$轨道的结合能从吸附前的 197.8 eV 和 199.6 eV 处位移到 198.1 eV 和 199.8 eV 处,均向高能级方向位移,说明氯原子周围的电子云密度增加。在四方针铁矿孔道结构中的氯离子与同样在孔道内的羟基相互作用,以 O—H···Cl 键的形式存在。当孔道内的部分氯离子被氟离子代替后有可能形成 O—H···F 键,氯离子以自由离子的状态通过静电引力与铁氧骨骼相互作用,周围电子云密度增加,结合能增加。并且吸附后氯原子 2p$_{3/2}$和2p$_{1/2}$轨道的峰强度明显降低,再次证明吸附过程中部分氯离子被交换到了溶液中。

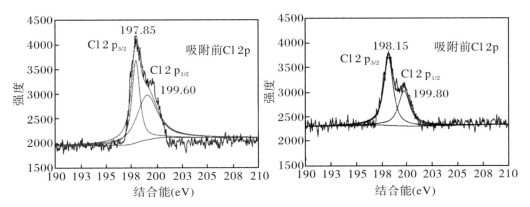

图 3.25　吸附氟离子前后四方针铁矿表面 Cl 2p 轨道的 XPS 图谱

由于四方针铁矿富含羟基,羟基本身或羟基中的氧原子对吸附有重要作用。图 3.26 是四方针铁矿中氧原子的 O 1s 轨道的 XPS 谱图。氧原子 O 1s 轨道的 XPS 谱图可分解成两个不同的氧原子,结合能在 529.17 eV 的谱峰属于晶格氧(Fe—O)的谱峰,结合能在 531.13 eV 的谱峰属于羟基(Fe—OH)的氧。[27] 吸附前后氧原子 O 1s 轨道的谱图有明显的变化,推测两种氧原子都参与了氟离子的吸附反应。吸附后晶格氧(Fe—O—)的结合能从 529.17 eV 变成 531.43 eV,羟基氧(Fe—OH)的结合能从 531.13 eV 变成 532.74 eV,说明两种氧原子周围的电子云密度都增加。因为氟离子的离子半径小,与晶格氧或羟基氧相互作用后形成的化学键的键长短,结合能大。吸附后的 XPS 谱图中,羟基氧(Fe—OH)对应的峰面积明显小于吸附前,说明吸附过程中氟离子取代了羟基,形成了 Fe—F 键或形成了 F—O—H⋯F。相反,晶格氧(Fe—O—)对应的峰面积增大,这是因为羟基氧的量减少,导致相对的晶格氧的量增加。

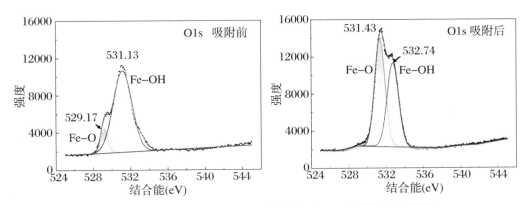

图 3.26　吸附氟离子前后四方针铁矿表面 O 1s 轨道的 XPS 图谱

为进一步确认吸附反应机理,对吸附前后四方针铁矿的铁元素也进行了 XPS

分析,谱图如图 3.27 所示。图中,所有 Fe 2p 的结合能均大于 710.5 eV,表明铁元素以 Fe(III)的形态存在于四方针铁矿中。结合能在 710.8 eV 和 725.1 eV 处的峰分别代表 Fe—OH 和 Fe—O—Fe 形态的铁元素。结合能在 710.8 eV 处的 Fe 2p$_{3/2}$ 轨道的峰在吸附氟离子后明显向高能量的方向位移(711.30 eV),说明铁原子周围的电子云密度增加。根据氟离子半径小,形成 Fe—F 键后的键长变短,结合能变大,故吸附过程中形成了新的 Fe—F 键。这与 Hiemstra 研究的针铁矿对氟化物的吸附机理一致[27]。吸附氟离子后,轨道 Fe 2p$_{1/2}$ 的结合能有所降低,表明 Fe—O—Fe 形态铁原子周围的电子云密度降低。推测在吸附氟离子的过程中,氟离子与铁氧骨骼 Fe—O—Fe 中的氧原子相互作用,使氧原子上的电子偏向氟原子,导致铁原子周围的电子云密度变小(形成氢键)。同时,吸附氟离子后的 XPS 谱图中的两个分峰面积都有所降低,表明四方针铁矿中的两种形态的铁原子对吸附都有贡献。基于以上分析,推测四方针铁矿吸附氟离子的反应如下:

$$\equiv Fe—OH + F^- \longleftrightarrow \equiv Fe—F + OH^-$$

$$\equiv Fe—OH—Cl + F^- \longleftrightarrow \equiv Fe—F + OH^- + Cl^-$$

$$\equiv Fe—OH—Cl + F^- \longleftrightarrow \equiv Fe—OH\cdots F + Cl^-$$

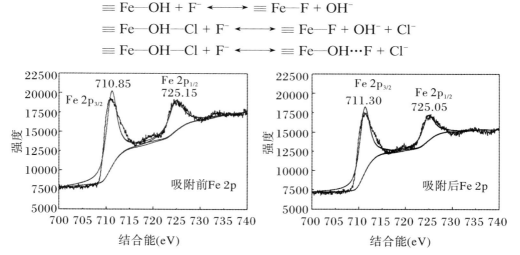

图 3.27　吸附氟离子前后四方针铁矿表面 Fe 2p 轨道的 XPS 图谱

　　四方针铁矿吸附氟离子的反应按上述反应进行,溶液的 pH 应该有明显的变化。因此,对不同初始 pH 条件下的吸附过程进行了 pH 的测定,结果如图 3.28 (a)所示。发现在吸附刚开始的时候 pH 就急剧下降,最终 pH 稳定在 3~4 之间,与上述反应有矛盾。但是前人研究的其他铁氧化物在吸附过程中的 pH 变化趋势也与本研究一致,说明这种变化可能是铁氧化物本身的理化性质决定。四方针铁矿放入水中,其表面与水分子相互作用变成≡Fe—OH 状态,水中质子浓度增加导致溶液 pH 降低。为证明这个假设,将质量相等的四方针铁矿直接缓慢加入到超纯水溶液中(图 3.28(b)),并间隔测定溶液的 pH,发现 pH 同样迅速下降。所以吸附刚开始 pH 的下降是由四方针铁矿本身与水相互作用造成的。按上述反应式进行吸附释放的—OH 的量与四方针铁矿本身水解释放的质子的量比较相对较少,所以整体溶液呈现酸性。也进一步说明吸附反应不仅与羟基的交换反应,孔道内氯离子的贡献也不能忽视。

但是在强碱性条件下 pH 几乎没有变化。通过前面的研究得知在强碱性条件下四方针铁矿对氟离子的吸附作用也很差,可能是因为碱性条件下四方针铁矿已经发生了转变,也影响了溶液的 pH 的变化。

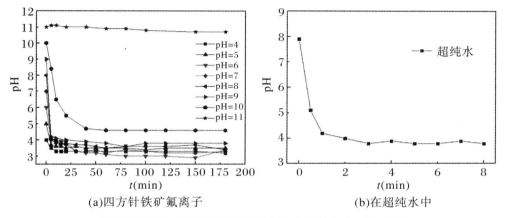

(a)四方针铁矿氟离子　　　　　　　　　　　(b)在超纯水中

图 3.28　四方针铁矿吸附氟离子时和在超纯水中 pH 的变化

3.4　结论与展望

(1) 通过水热合成法成功制备了高纯度、具有排列整齐的孔道结构的四方针铁矿。合成样品为长约为 200 nm,直径约为 30 nm 的纺锤体状、针状颗粒,其比表面积为 50.43 m^2/g。

(2) 四方针铁矿静态吸附氟离子的实验结果显示,四方针铁矿在 pH = 4 ~ 10 的范围内对氟离子均有较好的吸附性能,吸附过程符合 Langmuir 等温吸附模型和伪一级吸附动力学模型,对氟离子的最大理论吸附量可达 23.86 mg/g。吸附过程是一个自发的放热反应,吸附速度主要由物理吸附控制。反应的 ΔH、ΔS 和 E_a 分别为 -0.956 kJ/mol、-2.657 J/(mol·K)和 -5.485 kJ/mol。

(3) 自然界中常见的阴阳离子(NO_3^-、SO_4^{2-}、SiO_4^{2-}、Na^+、Mg^{2+}、Ca^{2+})对氟离子吸附的影响都不大。在自然界环境下,吸附氟离子不会引起四方针铁矿矿学性质的改变。

(4) X 射线光电子能谱(XPS)分析结果表明,四方针铁矿吸附氟离子时,一部分氟离子和吸附剂的表面羟基发生配体交换,一部分氟离子与孔道内的氯离子发生交换,吸附过程中形成了新的 Fe—F 键,同时伴随着氢键作用和静电吸附作用。

参 考 文 献

［1］ Moradi V，Caws E A，Wild P M，et al. A simple method for detection of low concentrations of fluoride in drinking water［J］. Sensors and Actuators A：Physical，2020，303：111684.

［2］ 孙殿军. 我国地方性氟中毒和砷中毒研究不可忽视的两个方向:低剂量氟,砷远期暴露与非靶器官损伤［J］. 中华地方病学杂志，2024，43(01)：1-5.

［3］ 国家市场监督管理总局,国家标准化管理委员会.生活饮用水卫生标准:GB 5749—2022［S］. 北京:中国标准出版社,2022.

［4］ 朱其顺,许光泉. 中国地下水氟污染的现状及研究进展［J］. 环境科学与管理，2009，34(01)：42-44,51.

［5］ Zeng Z，Li Q，Yan J，et al. The model and mechanism of adsorptive technologies for wastewater containing fluoride：a review［J］. Chemosphere，2023，340：139808.

［6］ 凤海元,吴忠忠. 四川省大骨节病区地下水氟污染及除氟工艺研究［J］.安徽化工,2019，45(3)：94-95,98.

［7］ Thakur L，Mondal P. Techno-economic evaluation of simultaneous arsenic and fluoride removal from synthetic groundwater by electrocoagulation process:optimization through response surface methodology［J］. Desalination and Water Treatment,2016,57(59)：28847-28863.

［8］ Behbahani M，Moghaddam M，Arami M. Techno-economical evaluation of fluoride removal by electrocoagulation process：optimization through response surface methodology［J］. Desalination：The International Journal on the Science and Technology of Desalting and Water Purification，2011，271(3)：209-218.

［9］ Diawara C K，Diop S N，Diallo M A，et al. Performance of nanofiltration（NF）and low pressure reverse osmosis（LPRO）membranes in the removal of fluorine and salinity from brackish drinking water［J］. Journal of Water Resource and Protection，2011，3(12)：912-917.

［10］ Sehn P. Fluoride removal with extra low energy reverse osmosis membranes:three years of large scale field experience in Finland［J］. Desalination，2008，223(3)：73-84.

［11］ Amor Z，Bariou B，Mameri N，et al. Fluoride removal from brackish water by electrodialysis［J］. Desalination，2001，133(3)：215-223.

［12］ 李华,孔令东. 改性阳离子交换树脂的制备及其除氟性能研究［J］. 中北大学学报(自然科学版)，2008，29(4)：352-355.

［13］ 查春花,张胜林,夏明芳,等. 饮用水除氟方法及其机理［J］. 净水技术，2005，24(6)：46-48.

［14］ 谭冈训,李满,武道吉,等. 武城县除氟水厂的设计与运行［J］.给水排水,2008,34(3)：25-27.

［15］ Tripathy S S，Bersillon J，Gopal K. Removal of fluoride from drinking water by adsorption onto alumimpregnated activated alumina[J]. Separation and Purification Technology, 2006, 50(3): 310-317.

[16] Zhu X H, Yang C X, Yan X P. Metal-organic frame-work-801 for efficient removal of fluoride from water[J]. Microporous and Mesoporous Materials, 2018, 259: 163-170.

[17] Ke F, Peng C, Zhang T, et al. Fumarate-based metal-organic frameworks as a new platform for highly selective removal of fluoride from brick tea[J]. Scientific Reports, 2018, 8(1): 939

[18] Zhang N, Yang X, Yu X, et al. Al-1,3,5-benzenetricarboxylic metal-organic frameworks: a promising adsorbent for defluoridation of water with pH insensitivity and low aluminum residual[J]. Chemical Engineering Journal, 2014, 252: 220-229.

[19] Park G, Hong S P, LEE C, et al. Selective fluoride removal in capacitive deionization by reduced graphene oxide/hydroxyapatite composite electrode[J]. Journal of Colloid and Interface Science, 2021, 581: 396-402.

[20] 张伟. 水铁矿对镉的吸附共沉淀研究 [D]. 成都: 成都理工大学, 2014.

[21] Fan Y, Fu D, Zhou S, et al. Facile synthesis of goethite anchored regenerated graphene oxide nanocomposite and its application in the removal of fluoride from drinking water[J]. Desalination and Water Treatment, 2016, 57(58): 28393-28404.

[22] 熊慧欣. 不同晶型羟基氧化铁(FeOOH)的形成及其吸附去除 Cr(VI)的作用[D]. 南京: 南京农业大学, 2008.

[23] Millan A, Urtizberea A, Natividad E, et al. Akaganeite polymer nanocomposites[J]. Polymer, 2009, 50(5): 1088-1094.

[24] 曲晓飞. 磁铁矿、菱铁矿和四方纤铁矿的合成及其生物矿化意义[D]. 合肥: 中国科学技术大学, 2011.

[25] Yuan Z Y, Su B L. Surfactant-assisted nanoparticle assembly of mesoporous β-FeOOH (akaganeite)[J]. Chemical Physics Letters, 2003, 381(5): 710-714.

[26] Yan Z, Zhang Z, Li T, et al. XPS and XRD study of $FeCl_3$—graphite intercalation compounds prepared by arc discharge in aqueous solution[J]. Spectrochimica Acta Part A: Molecular and Biomolecular Spectroscopy, 2008, 70(5): 1060-1064.

[27] Hiemstra T, Riemsdijk W. Fluoride adsorption on goethite in relation to different types of surface sites[J]. Journal of Colloid and Interface Science, 2000, 225(1): 94-104.

第4章　斯沃特曼铁矿对水中不同形态磷的吸附性能及机理研究

4.1　研究背景及意义

磷元素是生产化肥和磷酸盐类产品的重要元素,在化工、食品、农业和医药等行业广泛应用。随着中国经济的迅速发展,对磷资源的需求急剧上升,在 2020—2025 的五年之间,仅对磷肥需求量为 1700～1800 万吨。[1]目前,我国磷矿资源回收率很低,磷资源浪费十分严重。虽然云南、湖北和贵州等地区磷矿回收率较高,能达到 71.1% 或 95% 以上,但全国平均磷回收率仅有 30%,大量的磷元素被释放到环境中。[2]在磷矿的开采、应用过程中产生大量的含磷废水,通过地表径流汇聚在地表水或地下水中。当水体中总磷浓度大于 0.02 mg/L 时,会发生水体富营养化现象,造成水体生态系统的破坏,这已被认为是全球性的环境问题。目前,我国已经成为水体富营养化非常严重的国家。在水体富营养化过程中,由于磷元素只能单向迁移(从磷矿到沉积物),不能像氮元素那样循环(通过消化、反硝化在环境中循环),导致大量的磷元素积累到河湖底泥中,且只能被动植物吸收,没有其他自发的去除途径。因此,磷元素更容易导致水体富营养化,故控制水体磷含量对防治水体富营养化有重要意义。

4.1.1　水体中磷的存在形态

磷元素是生物圈中非常重要的元素,以有机磷、正磷酸盐和聚磷酸盐等化学形态存在于水体中,其中主要形态为正磷酸盐和聚磷酸盐。正磷酸盐是最关键的生物有效态,可以直接被植物吸收利用,转化为自身的蛋白质。正磷酸盐也容易与水中金属离子反应生成沉淀,聚磷酸盐可以被生成的沉淀物吸附去除。有机磷由于所结合的有机物的部分不一样,存在形态各异。无机磷在水体中的存在形态与水体的酸碱性、共存的金属离子和温度有关。正磷酸(H_3PO_4)属于弱酸,常常与碱金属离子结合成强碱弱酸盐,在水中发生水解和解离反应:

$$NaH_2PO_4 + H_2O \longrightarrow H_3PO_4 + NaOH$$

$$H_3PO_4 + H_2O \longrightarrow H_2PO_4^- + H_3O^+ \qquad K_{al} = 7.5 \times 10^{-3}$$

$$H_2PO_4^- + H_2O \longrightarrow HPO_4^{2-} + H_3O^+ \qquad K_{al} = 6.3 \times 10^{-8}$$

$$HPO_4^{2-} + H_2O \longrightarrow PO_4^{3-} + H_3O^+ \qquad K_{al} = 4.4 \times 10^{-13}$$

根据以上反应式,水体中磷酸盐的形态主要取决于溶液的 pH。在溶液 pH 不同条件下,正磷酸分步电离,其分布分数与四种磷酸根之间的分布情况见图 4.1。由图可知,在自然界水体条件下(pH = 8 左右),磷酸主要以 $H_2PO_4^-$ 和 HPO_4^{2-} 的形式存在。

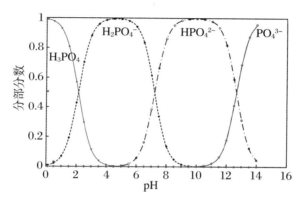

图 4.1 磷酸盐形态分布系数与溶液 pH 的关系

4.1.2 水体磷污染的危害

大量含氮、磷等物质进入水体中,会引起水体中藻类和浮游植物快速繁殖,水质变坏,出现水中生物大量死亡现象称之为水体富营养化。水体中氮磷比为 6～15 是藻类生物最佳繁殖环境。相对氮而言,藻类生物对磷更敏感。[3]当水中磷的含量相对较低的时候,氮浓度对藻类生物生长的影响不大。因此,控制水中磷的浓度便能抑制水体富营养和赤潮的发生。目前判断水体富营养化的指标为:水体中氮浓度大于 0.2～0.3 mg/L,磷浓度超过 0.01～0.02 mg/L,生物需氧量超过 10 mg/L,在 pH = 7～9 的水体中细菌总量大于 10 万个/mL,叶绿素 a 浓度超过 10 μg/L。[4]

磷资源被广泛应用于多个领域会导致环境发生一系列污染问题。据生态环境部 2023 年一季度公布的全国地表水环境质量状况报道,在 186 个监测营养状态的湖(库)中,中度富营养的有 4 个,占 2.2%;轻度富营养的有 34 个,占 18.3%;其余湖(库)为中营养或贫营养状态。当水体发生富营养化时,蓝藻迅速生长,水中溶解氧降低,造成水中鱼类死亡;而且毒蓝藻向水体释放藻毒素,对人和动物饮用水造成严重的危害,例如水生动物、鸟类和畜类的死亡,甚至造成人类得重病。若是含有一定量的有机磷,如除草剂、敌敌畏等农药,会使人和动物中毒或死亡。此类水如果用于农田灌溉,由于磷含量高,促进土壤沙化和碱化,不仅影响农作物的正常生长,还破坏土壤的生态环境。

4.1.3　水体磷污染控制技术简介

1. 生物法

生物法是利用污泥中的微生物积累过量的聚磷酸盐,并通过污泥外运的形式从水中去除磷。目前,生物除磷的主要工艺过程有好氧吸磷—厌氧释磷—好氧吸磷。在好氧吸磷的过程中,吸磷量比厌氧释放的磷多十几倍。生物法具有运行费用低、节约能源等优点,但更容易受有机负荷、溶解氧、污泥龄和厌氧阶段中硝态氮浓度等因素的影响,除磷效果较差,很难达到我国《污水综合排放标准》一级标准($TP < 0.5 \text{ mg/L}$)。

2. 化学法

化学法除磷主要有化学沉淀法和离子交换等方法,其中化学沉淀法是应用最广泛的除磷方法。化学沉淀除磷是通过投加的化学药剂与水体中磷反应生成沉淀,然后通过固液分离的方式去除水中的磷,其化学沉淀剂主要分铁、铝和钙盐三类。该方法主要通过沉淀反应、凝聚作用、絮凝作用和固液分离等四个步骤,去除率可达75%～85%,优于生物除磷的方法,且具有操作简单、抗击性强和运行稳定等优点。[5]

目前,国内外学者结合化学除磷法和生物除磷法的优缺点对化学/生物组合型除磷工艺进行了大量研究。吕秀彬等人研究了铝盐化学除磷对SBR工艺生物脱氮除磷的影响,结果表明铝盐对生物除磷效果有显著的提高,第3天出水TP达到《污水综合排放标准》一级A标准(0.5 mg/L),15天后出水TP几乎为零。[6]王夏敏等人对高盐度、高磷和高氮的榨菜腌制废水处理进行了除磷研究,结果表明生物/化学组合工艺除磷高效、可行,出水TP浓度可达0.1 mg/L,去除率达到99%以上。[7]虽然生物/化学组合工艺的除磷效果能达到国家污水排放标准,但该方法需要投加大量的化学药剂,造成运营费用高,产生的化学污泥容易发生二次污染等缺点。

3. 吸附法

吸附法除磷是利用吸附剂的表面性能和分子表面的电化学性质,通过离子交换、沉积、吸附、配位等物理化学法去除水体中的磷的方法。吸附法可通过吸附-解吸的方法,可以同时达到除磷和回收磷资源的目的。如今,用于除磷的吸附剂主要是各种金属氧化物、天然矿物质和改性的工业废弃物等。其中除磷的天然矿物质有针铁矿、水铁矿、赤铁矿、斯沃特曼铁矿等矿物,该天然矿物质由于具有原材料来源广泛、廉价等优点而逐渐成为研究热点。目前主要的研究方法是室内实验法。室内实验法主要通过恒温振荡批处理进行吸附实验,通常用 Langmuir、Freundlich 等典型的等温吸附模型来描述吸磷特性。研究表明,在酸性和中性条件下,针铁矿主要通过双齿双核配位形态吸附磷。韩巍等人研究了不同 pH 条件下针铁矿和水铁矿对磷的吸附特征,表明两种铁矿对磷的吸附量随着 pH 升高而降低,在 pH 为 5 时,针铁矿和水铁矿对磷的吸附量最大,分别为 10.43 $\mu g/g$ 和 35.65 $\mu g/g$。[8]颜道浩研究表明,溶解态有机磷通过与针铁矿、赤铁矿的表面羟基发生配体交换,达到去除效果。[9]斯沃特曼铁矿是在酸性水体中自然形成的一种铁氧化物,在酸性水体中扮演着"水中清道夫"的角色,可以减少环境中的 As、Sb、Cr、Pb 等重金属,也可以去除水体中的无机磷。[10]因此,这些铁氧化物作为吸附剂,具有良好的研究前景。与生物法和化学法相比,吸附法的优点是吸附磷的材料可以二次利用,还可以对吸附后的磷解析回收资源再利用。即使吸附磷后斯沃特曼铁矿不能立即解析再利用,也可以用于土壤改良剂,以供植物对磷的需求。

4.1.4　斯沃特曼铁矿简介

斯沃特曼铁矿是一种结晶性差的羟基硫酸盐铁矿,是众多铁氧化物的一种,其化学式通常用 $Fe_8O_8(OH)_{8-2x}(SO_4)_x$($1 \leqslant x \leqslant 1.75$)表示,理想化学式为 $Fe_8O_8(OH)_6(SO_4)_4$。[11]该铁矿通常存在于富含 Fe^{2+} 和硫酸盐的酸性天然水体或酸性矿区废水中,具有与四方针铁矿(β-FeOOH)相似的孔道结构,不同的是孔道结构中存在的阴离子是以 SO_4^{2-} 替换了 Cl^- 占据平行的扩展方形空腔。它对溶液中阴阳离子有良好的吸附性能,且拥有吸附重金属离子和有毒负离子的能力。因此,斯沃特曼铁矿被视为具有巨大潜力的金属清除剂。

1. 斯沃特曼铁矿形成机理

酸性矿井水中沉积的矿物种类受水体中离子种类、pH 和氧化还原电位等因素的控制。根据溶液 pH 和 SO_4^{2-} 浓度,形成具有不同 SO_4^{2-} 含量的矿物质。如,黄铁钾钒(($K,Na,H_3O)Fe_3(OH)_6(SO_4)_2$)、斯沃特曼铁矿($Fe_8O_8(OH)_6(SO_4)_4$)和针铁矿($\alpha$-FeOOH)等。在 pH 为 2.8~4.5 范围内,硫酸根浓度为 1000~3000 mg/L 的酸性废水中容易形成斯沃特曼铁矿,反应化学式如下:

$$8Fe_3 + SO_4^{2-} + 14H_2O \longrightarrow Fe_8O_8(OH)_6SO_4 + 22H^+$$

国外学者用 MINTEQ 程序计算的斯沃特曼铁矿溶解度参数为 pH=3.0±0.2 时,$\log \alpha Fe^{3+} = -5.05 \pm 0.24$,$\log \alpha SO_4^{2-} = -2.22 \pm 0.12$,并根据已经报道的矿物质化学数据绘制出 Fe—S—K—O—H 体系的 pe-pH 图(图 4.2)。[12]当 pH<2.0 时,铁矿为黄铁钾钒为主;当 pH 为 2.0~6.0 时,相对于针铁矿,斯沃特曼铁矿稳定性差,稳定范围窄;在较高的 pH 下形成水铁矿,相对于针铁矿稳定性也差。斯

沃特曼铁矿和水铁矿的 pe 范围宽于针铁矿,且斯沃特曼铁矿形成于酸性条件,因此,斯沃特曼铁矿适合用于酸性矿山废水的处理。

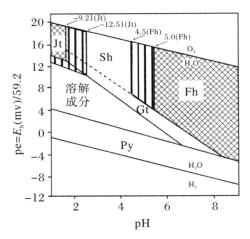

图 4.2　Fe—S—K—O—H 系统的 pe-pH 图表(25℃)

注:溶液条件:$pe=E_h(mv)/59.2$;$SO_4^{2-}=-2.32$;$K=-3.78$;Jt = 黄铁钾钒,Sh = 斯沃特曼铁矿,Fh = 水铁矿,Gt = 针铁矿,Py = 黄铁矿。图中各条线的方程:Gt($pe=17.9\sim3$ pH);Jt($pe=16.21\sim2$ pH);Fh($pe=21.50\sim3$ pH);Sh($pe=18.22\sim2.6$ pH),Py($pe=5.39\sim1.14$ pH)。虚线表示亚稳状态,单竖线区域为黄铁钾钒和水铁矿的扩展区域。

2. 斯沃特曼铁矿结构特征

不同铁矿结构的主要差异表现在 $FeO_3(OH)_3$ 八面体的排列规则上。四方针铁矿和斯沃特曼铁矿的结构相似,都由双链 $FeO_3(OH)_3$ 八面体组成,其双链共享角形成了 2×2 方形"孔道"结构,"孔道"沿着 c 轴延伸。每个晶胞具有两个相同的"孔道",其中心位于(0,0,0)和(0.5,0.5,0.5)处,即孔径为 0.5 nm。[13]斯沃特曼铁矿"孔道"内存在直径 0.46 nm 的硫酸根,通过硫酸根与"孔道"内两个相邻的 Fe 原子键合,形成双齿链桥(—Fe—O—SO₂—O—Fe—)配合物占据在"孔道"结构中(图 4.3)。其中硫酸根的两个氧分别与 $FeO_3(OH)_3$ 八面体中的两个氧直接连接,

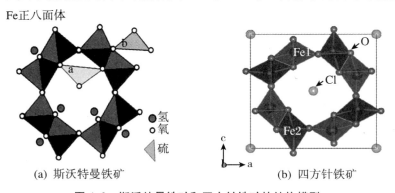

(a) 斯沃特曼铁矿　　　　　(b) 四方针铁矿

图 4.3　斯沃特曼铁矿和四方针铁矿的结构模型

剩余的氧原子和硫酸根中的两个"自由"氧占据平行"孔道"的两个空腔。该铁矿中硫酸根有两种存在形式,分为表面硫酸根和"孔道"硫酸根,其摩尔比为 1 : 3。[11]四方针铁矿的"孔道"内只能容纳直径 0.35 nm 的离子(如 Cl^-)。与其相比,斯沃特曼铁矿的"孔道"可能容纳与硫酸根直径相近的其他阴离子,但 XRD 特征峰强度较低,共有八个特征峰,并且四方针铁矿的一些特征峰消失,如 2θ 为 11.84° 对应的特征峰。因此,斯沃特曼铁矿的结晶度较差或是晶体生长受限,且可能具有良好的磷酸根去除能力。

3. 斯沃特曼铁矿红外吸收光谱特征

红外光谱能够提供矿物的官能团信息,为确定矿物的结构提供可靠的信息。斯沃特曼铁矿与四方针铁矿具有相似的结构,但斯沃特曼铁矿具有独特的硫酸根结构。斯沃特曼铁矿在 4000 ~ 400 cm^{-1} 的红外光谱范围内具有七个特征峰:1186 cm^{-1}、1124 cm^{-1}、1038 cm^{-1} 处的三个谱带对应于内层键合硫酸根的非对称伸缩振动 $\nu_3(SO_4)$,976 cm^{-1} 处的谱带对应于外层键合硫酸根的非对称伸缩振动 $\nu_1(SO_4)$,608 cm^{-1} 处的谱带对应于晶体结构"孔道"内硫酸根非对称伸缩振动 $\nu_4(SO_4)$,704 cm^{-1} 和 483 cm^{-1} 处的两个谱带对应于铁氧骨架中 Fe—O 伸缩振动峰。[14] $\nu_3(SO_4)$ 非对称伸缩振动有三个特征峰,说明空腔中的硫酸根与 Fe 形成双齿络合物;而 $\nu_1(SO_4)$ 非对称伸缩振动有一个特征峰,说明表面硫酸根与 Fe 形成单齿络合物。[15]结晶度好的四方针铁矿在波数 640 cm^{-1} 和 840 cm^{-1} 处存在—OH 变形振动峰,在波数 690 cm^{-1} 和 410 ~ 460 cm^{-1} 处存在 Fe—O 伸缩振动,而结晶度差的正方针铁矿的—OH 振动峰较弱。与四方针铁矿相比,斯沃特曼铁矿在 640 cm^{-1} 和 840 cm^{-1} 处的—OH 变形振动峰的消失,表明硫酸根置换掉了空腔中的—OH。四方针铁矿吸附硫酸根后具有较弱的 $\nu_3(SO_4)$ 非对称伸缩振动峰和 $\nu_1(SO_4)$ 对称伸缩振动峰,因此,$\nu_4(SO_4)$"孔道"硫酸根红外吸收峰是区分四方针铁矿和斯沃特曼铁矿的方法。

4.1.5　研究目的及研究内容

1. 研究目的

水体中含磷浓度较高时会造成一列环境问题,如水体富营养化、饮用水污染、动物死亡等。因此,探究治理含磷水体的方法已经迫在眉睫。目前,经典的除磷方法有三种,分别为生物法、化学沉淀法和吸附法。生物法具有影响因素较多、除磷效果较差等缺点;化学沉淀法具有运营费用高、化学污泥容易发生二次污染等缺点;而吸附法具有吸附剂材料来源广泛、费用低、可磷资源回收、无二次污染等优点。铁氧化物是广泛存在于自然界的天然吸附剂,其中针铁矿、水铁矿、赤铁矿和斯沃特曼铁矿等矿物易于在富含铁的酸性矿井水中形成。针铁矿、水铁矿和赤铁矿作为吸附剂去除水体中重金属和无机磷被广泛研究。斯沃特曼铁矿作为吸附剂去除有毒重金属离子也被广泛研究,而对磷的吸附去除还属于初步探索阶段。Akbar Eskandarpour 等研究斯沃特曼铁矿对无机磷的吸附研究揭示,其吸附机理是磷酸根与矿物表面活性基团 SO_4^{2-} 进行交换。[10] 而根据斯沃特曼铁矿结构中存在的"孔道"直径(0.5 nm)和无机磷酸根的大小(直径约为 0.476 nm),斯沃特曼铁矿吸附磷酸根的机理中,不仅考虑表面硫酸根的交换,还有必要考虑孔道内硫酸根的作用。而且到目前为止,作为吸附剂的斯沃特曼铁矿对有机磷的吸附行为还未得到关注。更重要的是,没有研究聚焦于斯沃特曼铁矿对水中无机磷和有机磷共存条件下的吸附行为。

　　因此,本研究为了解斯沃特曼铁矿对无机磷和有机磷的吸附行为的差异,进行了一系列的吸附实验。研究采用斯沃特曼铁矿作为吸附剂,研究其对无机磷和有机磷的吸附性能,为水体中有机磷和无机磷的去除研究可行的方法。由于斯沃特曼铁矿在除磷方面研究甚少,机理尚未完善,所以本书的创新点在于探究斯沃特曼铁矿去除无机磷的机理,是否与孔内活性基团 SO_4^{2-} 进行交换;探究斯沃特曼铁矿能否去除有机磷,并研究对无机磷和有机磷吸附机理的异同;另外,斯沃特曼铁矿吸附环境水体中的有毒有害元素后,通过发生溶解或氧化还原反应释放这些已吸附的元素,有可能造成二次环境污染。因此,探究斯沃特曼铁矿吸磷后的稳定性变化尤为重要。该研究结果将为酸性条件下水圈中氧化铁与不同形态磷之间的相互作用提供新的有价值的信息,研究结果对水体总磷浓度的控制具有指导意义,对理解地球表面磷的迁移转化行为至关重要。

2. 研究内容

　　本研究采用人工合成方法合成斯沃特曼铁矿,探究其对无机磷和有机磷的吸附性能及其机理。本研究选择了磷酸二氢钠和 D-葡萄糖-6-磷酸二钠二水作为无机磷和有机磷的代表物质。主要分为以下几部分:

　　第一部分:人工合成斯沃特曼铁矿,通过 X 射线衍射法(XRD)、红外光谱法(FT-IR)测定、扫描电子显微镜(SEM)和透射电子显微镜(TEM)观察、测定铁矿的BET、进行元素分析等,判断是否合成斯沃特曼铁矿。

　　第二部分:研究斯沃特曼铁矿对无机磷和有机磷的吸附性能。研究溶液 pH、磷溶液初始浓度、共存离子等因素对斯沃特曼铁矿吸附无机磷和有机磷的影响;探究无机磷和有机磷在斯沃特曼铁矿上的竞争吸附;在相同温度下,用斯沃特曼铁矿吸附不同浓度的磷溶液,然后用吸附等温模型和吸附动力学模型对实验数据进行拟合,进而讨论其吸附机理;对吸附无机磷和有机磷的斯沃特曼铁矿进行红外光谱(FTIR)分析,判断孔道内硫酸根的变化。探究斯沃特曼铁矿与无机磷、有机磷的作用机制。

　　第三部分:从矿物学的角度研究吸附不同形态的磷对斯沃特曼铁矿矿学性质

稳定性的影响,揭示斯沃特曼铁矿在水体磷污染控制中的潜力。

4.2　斯沃特曼铁矿对不同形态磷的吸附性能

4.2.1　斯沃特曼铁矿的合成及表征

斯沃特曼铁矿的生成有自然形成和人工合成两种,其中人工合成又分为微生物合成法和化学合成法。当酸性矿区水体中富含铁离子时形成的斯沃特曼铁矿属于自然形成的斯沃特曼铁矿,因自然环境的不同,这样形成的斯沃特曼铁矿中可能含有多种重金属,包括 Zn、Cu、Pb、Cd、Ni 和 Co 等。在低 pH、高浓度 Fe(Ⅱ)和 SO_4^{2-} 溶液中,无机元素通过嗜酸性亚铁氧化细菌和代谢物的精确控制下发生迁移、富集、转化后形成的斯沃特曼铁矿属于生物合成的斯沃特曼铁矿。该方法具有有效、绿色和经济可行的优点,也具有影响因素较多、合成较复杂和不能大量合成等缺点。与生物合成方法相比,化学合成方法控制变量少,影响因素少且可以大量生产,因此很多科学研究都采用化学合成法。化学合成法也分快速合成和慢速合成两种,其中慢速合成法虽然合成时间较长,但相较于快速合成法,其合成的斯沃特曼铁矿具有结晶度较好和粒径较大的优点。故本研究采用慢速合成方法合成斯沃特曼铁矿。

(1) 在 1 L 烧杯中加入 0.04 mol/L 硫酸钠溶液 500 mL,用磁力搅拌器加热到 60 ℃,然后缓慢加入 0.04 mol/L 硝酸铁溶液 500 mL,使溶液重新加热到 60 ℃并持续 12 min。

(2) 将反应完的溶液冷却至室温,倒掉上清液,然后将沉积物转移到透析袋(MwCO3500)中,再置于 1 L 超纯水中透析,反复换水(大概连续 5 天),直到电导率降到 5 μs/cm 以下。

(3) 将透析袋中的溶液用 0.45 um 滤膜过滤得到黄褐色固体,置于常温干燥。

(4) 通过原子发射光谱法、X 射线衍射法(XRD)、红外光谱法(FT-IR)等光分析方法确定其分子组成,通过扫描电子显微镜(SEM)和透射电子显微镜(TEM)观察固体的微观结构、通过 BET 分析确定固体的比表面积。

4.2.2 斯沃特曼铁矿吸附不同形态磷

1. 溶液 pH 对吸附磷的影响

（1）对吸附无机磷的影响

分别称取 0.1 g 斯沃特曼铁矿 5 份于 5 个 500 mL 锥形瓶中，加入 250 mL 磷酸根含量为 115 mg/L 的无机磷溶液，调节其 pH 分别为 2、4、6、8、10，在温度为 25 ℃、转速为 140 r/min 的条件下恒温水浴振荡 48 h 后，取上清液并过 0.45 μm 滤膜，用微波消解仪进行消解后用紫外-可见光光度计测定滤液中磷酸根的浓度，计算斯沃特曼铁矿对无机磷的吸附量。

（2）测定对无机磷的吸附量

取 2 mL 样品放进消解管后，加入 5 mL 过硫酸钾溶液并拧紧盖，然后将消解管放进紫外消解仪中，最后在 120 ℃条件下加热 30 min。把消解管中的溶液全部移入 50 mL 比色管中，然后加入 1 mL 的 10%的抗坏血酸溶液，30 s 后加入 2 mL 钼酸铵溶液并定容，放置 15 min 后，用紫外-可见分光光度计在 700 nm 处测溶液吸光度，这个方法叫磷钼蓝分光光度法。再根据标准曲线，通过吸光度计算滤液中无机磷的含量，再通过

$$Q_e = \frac{(C_0 - C_e)V}{M} \tag{4.1}$$

计算斯沃特曼铁矿对无机磷的吸附量。式中，Q_e（PO_4^{3-}）是吸附平衡时斯沃特曼铁矿对无机磷的吸附量，单位为 mg/g；C_0（PO_4^{3-}）是初始磷溶液浓度，单位为 mg/L；C_e（PO_4^{3-}）是吸附平衡时磷溶液浓度，单位是 mg/L；V 是磷溶液体积，单位是 L；M 是斯沃特曼铁矿质量，单位是 g。

（3）对吸附有机磷的影响

实验方法与（1）中无机磷的吸附方法一样，其中有机磷溶液磷酸根含量为 15 mg/L。对含有有机磷样品的消解方法与含有无机磷样品的有所不同。消解有机磷样品时，首先取 2 mL 样品放进消解管后，加入 5 mL 过硫酸钾溶液并拧紧盖，然后放进微波消解仪中；其次，把微波消解仪的温度设置成梯度升温，5 min 内温度升到 100 ℃，稳定 1 min，然后 5 min 内升到 120 ℃，消解 30 min。最后冷却到 55 ℃后取出样品管，再冷却到室温。样品管中磷含量的测定方法与（2）中无机磷含量的测定方法一样，采用磷钼蓝分光光度法。通过式（4.1）计算斯沃特曼铁矿对总磷的吸附量。

（4）测定对有机磷的吸附量

如果样品溶液只含有机磷，用以上方法（3）测定的总磷吸附量就是有机磷的吸附量；如果样品中同时含有无机磷和有机磷，有机磷吸附量按照总磷的量减去无机磷的量：

$$Q_2 = Q - Q_1 \tag{4.2}$$

计算。式中，$Q(PO_4^{3-})$ 是吸附平衡时总磷的吸附量，单位为 mg/g；$Q_1(PO_4^{3-})$ 是吸附平衡时无机磷的吸附量，单位为 mg/g；$Q_2(PO_4^{3-})$ 是吸附平衡时有机磷的吸附量，单位为 mg/g。

2. 初始磷浓度对吸附磷的影响

（1）无机磷

取一定量的无机磷储备液（PO_4^{3-} 浓度为 1000 mg/L）和超纯水加入 7 个 250 mL 的容量瓶中，配制成磷酸根浓度为 15~280 mg/L 的无机磷溶液，移入 500 mL 的锥形瓶中，然后分别加入 0.1 g 斯沃特曼铁矿，调节混合溶液 pH 为 4.0±0.2，再将锥形瓶放进 25 ℃、140 r/min 条件下的恒温水浴振荡器中，振荡 48 h。在整个实验过程中随机测定溶液 pH，并定时取样过 0.45 μm 滤膜，测定滤液无机磷（磷酸根）的含量。

（2）有机磷

实验方法与（1）的无机磷实验方法一样。

3. 共存离子对吸附磷的影响

（1）无机磷

基于天然地表水中常见成分的典型浓度范围，研究了三种浓度水平下常见阴离子对斯沃特曼铁矿吸附去除无机磷的影响。在 5 mL 无机磷储备溶液中分别加入一定量的 NaCl、$NaNO_3$、Na_2SiO_4 等无机盐，并定容至 100 mL（PO_4^{3-} 浓度为 50 mg/L），使 Cl^- 浓度达到 20 mg/L、50 mg/L 和 140 mg/L，NO_3^- 浓度达到 5 mg/L、20 mg/L、30 mg/L，SiO_4^{2-} 浓度达到 60 mg/L、80 mg/L 和 100 mg/L。配好的溶液移入 250 mL 锥形瓶中，然后分别加入 0.1 g 斯沃特曼铁矿，调节混合溶液 pH 为 4.0±0.2，再将锥形瓶放进 25 ℃、140 r/min 条件下的恒温水浴振荡器中振荡 48 h，定时取样过 0.45 μm 滤膜，测定滤液中无机磷的含量。

（2）有机磷

实验方法与（1）的无机磷的实验方法一样。

4. 无机磷和有机磷在斯沃特曼铁矿上的竞争吸附

配制三份有机磷与无机磷的混合溶液，无机磷浓度为 15 mg/L，无机磷浓度与有机磷浓度的摩尔比分别呈 1∶0.5、1∶1、1∶2（无机磷∶有机磷），溶液体积为 250 mL。称取三份 0.1 g 斯沃特曼铁矿，分别放进不同浓度比的无机磷和有机磷混合溶液中，调节混合溶液 pH 为 4.0±0.2，再将锥形瓶放进 25 ℃、140 r/min 条件下的恒温水浴振荡器中，振荡 48 h，定时间取样过 0.45 μm 滤膜，然后用离子色谱仪测定滤液中无机磷的含量，再用紫外-可见光光度计测滤液中总磷含量。

5. 无机磷和有机磷在斯沃特曼铁矿上的顺序吸附

为进一步了解无机磷和有机磷在斯沃特曼铁矿上的竞争吸附，进行了无机磷和有机磷在斯沃特曼铁矿上的顺序吸附。将预先吸附饱和无机磷的斯沃特曼铁矿

（磷的饱和吸附量为 75 mg/g）用 0.45 μm 的滤膜过滤，在室温下干燥。称取适量的干燥斯沃特曼铁矿添加到初始浓度为 145 mg/L 的有机磷溶液中进行吸附。在吸附过程中释放在溶液中的无机磷的量和吸附在斯沃特曼铁矿上的有机磷的量用磷钼蓝分光光度法测定。测定前将滤液用紫外消解仪消解。同一个滤液中的总磷浓度通过微波消解系统消解后，采用磷钼蓝分光光度法测定。通过式(4.2)计算滤液中剩余的有机磷的浓度，进而计算有机磷在斯沃特曼铁矿上的吸附量。

反之，将吸附饱和有机磷（17 mg/g）的斯沃特曼铁矿加入到初始无机磷浓度为 200 mg/L 的溶液进行中吸附。两种磷浓度的计算方法同上。每个实验分别进行了 3 次重复，以保证实验的准确性。

6. 斯沃特曼铁矿与不同形态磷相互作用的机制

（1）无机磷

取定量的无机磷储备液和超纯水加入 3 个 250 mL 的容量瓶中，配制成磷酸根浓度为 15 mg/L、30 mg/L 和 45 mg/L 的无机磷溶液，把配好的溶液移入 500 mL 的锥形瓶中，然后分别加入 0.1 g 斯沃特曼铁矿，调节混合溶液 pH = 4.0±0.2，再将锥形瓶放进 25 ℃、140 r/min 条件下的恒温水浴振荡器中，振荡 48 h，并定时取样过 0.45 μm 的滤膜后，通过离子色谱测定滤液中无机磷的含量和硫酸根的含量。实验进行完后，溶液过 0.45 μm 的滤膜，将滤膜上的斯沃特曼铁矿常温干燥后，对吸附磷的斯沃特曼铁矿进行红外吸收光谱测定。

（2）有机磷

实验方法与(1)无机磷的实验方法一样。

7. 两种形态磷对斯沃特曼铁矿稳定性的影响

（1）无机磷

第一步：称取 0.1 g 斯沃特曼铁矿放进 250 mL 无机磷溶液中（15 mg/L，pH = 4.0±0.2），吸附 48 h 后，过 0.45 μm 的滤膜，滤后得到的斯沃特曼铁矿常温干燥，分成两份，其中一份直接进行红外光谱测定，另一份斯沃特曼铁矿放进 250 mL 碱性水中（pH = 10.0±0.2），在温度 25 ℃、转速 140 r/min 条件下恒温水浴振荡 48 h 后，过 0.45 μm 的滤膜，得到碱浸泡的斯沃特曼铁矿，常温干燥并测红外光谱。

第二步：称取 0.1 g 斯沃特曼铁矿放进 250 mL 碱性水中（pH = 10.0±0.2），在 25 ℃、140 r/min 条件下恒温水浴振荡 48 h 后，用 0.45 μm 的滤膜过滤，将滤膜上的斯沃特曼铁矿常温干燥，最后对其进行红外光谱的测定（作对比分析）。

（2）有机磷

实验方法与(1)条件一致，对吸附后的斯沃特曼铁矿进行红外光谱测定。

4.3　实验结果与讨论

4.3.1　合成样品的表征

铁元素在地壳组成中的丰富为 5% 左右,除了铝元素之外第二丰富的金属元素。自然界中的铁元素主要以硫化物、氧化物或氢氧化物的形式广泛分布在土壤、水体、沉积物和生命体内,是动植物所必须的元素之一。仅铁的氧化物和氢氧化物在环境中存在的种类就有十几种,而且每种物质的微观结构有其特点,表现出来的物理化学特性也不同。斯沃特曼铁矿是铁的氢氧化物的一种,分子中除了铁氧键外还有硫酸根的硫氧键,其晶体结构中有一个向 c 轴的方向延伸的直径为 0.5 nm 的三维孔道结构,在 X 射线和红外光的照射下得到其特有的光谱信号。因此,可通过 XRD 和 FT-IR 方法对铁矿进行表征,判断合成的铁矿是否为斯沃特曼铁矿;通过元素分析的测试,确定合成铁矿的化学式;通过 SEM、TEM 观察铁矿的表面形貌和内部结构;通过 BET 测定得到铁矿比表面积和孔体积等性质。

1. 合成样品物相分析

X 射线衍射法是通过对固体样品进行测定,分析其衍射图谱,确定样品中原子间距离和分子结构等物相信息的分析方法。为判断是否成功合成了斯沃特曼铁矿,对上述样品进行了 X 射线衍射测定,结果见图 4.4。如图 4.4 所示,在整个测定范围之内谱线的信号强度相对低,表明合成样品的结晶度差,基本属于非晶体。

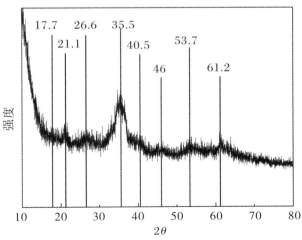

图 4.4　合成样品的 XRD 谱图

谱图中最明显且最强的一个峰值出现在 2θ 为 35.5°处，其余的峰分别出现在 2θ 在 17.7°、21.2°、26.6°、40.5°、46.0°、53.7°和 61.2°几处，基本符合表 4.1 所示的斯沃特曼铁矿的标准 XRD 数据卡片（PDF 47-1775）。卡片中所示斯沃特曼铁矿共有八个特征峰值（18.24°、26.27°、35.16°、39.49°、46.53°、55.3°、61.34°和 63.69°），其中，2θ 为 35.5°处对应的是属于最强的特征峰。因此，本次合成的铁氧化物虽然结晶度不好，但 XRD 谱图中出现的七个峰值对应卡片中的典型的几个特征峰值，说明本次合成的铁氧化物具有斯沃特曼铁矿的结构。且本次 XDR 测定结果与 Bigham 等报道的通过人工合成得到的斯沃特曼铁矿的谱图一样。[11]

表 4.1　斯沃特曼铁矿的标准 XRD 数据

峰编号	1	2	3	4	5	6	7	8
2θ(CuKa)	18.24	26.27	35.16	39.49	46.53	55.3	61.34	63.69
I(f)	37	46	100	23	12	21	24	18

2. 合成样品所含的官能团分析

为进一步表征合成样品，采用红外光谱分析方法对样品进行了分析。红外光谱分析方法是利用分子中不同化学键的不同振动形式所导致的不同的吸收峰的位置、形状、强度等信息对样品进行定性分析手段。文献报道，斯沃特曼铁矿结构中存在 —OH、SO_4^{2-}、Fe—O 等基团，其典型红外光谱的特征谱带为 1000 ～ 1250 cm^{-1} 处的 $\nu_3(SO_4)$、970 ～ 980 cm^{-1} 处的 $\nu_1(SO_4)$、700 cm^{-1} 处的 Fe—O 伸缩振动峰和 608 cm^{-1} 处的 $\nu_4(SO_4)$。[16] 斯沃特曼铁矿中的硫酸根离子以表面和孔内络合物的两种形式存在。图 4.5 为本次合成样品的红外吸收光谱图。图 4.5 中宽而强的 3363 cm^{-1} 附近的谱带对应的是—OH 伸缩振动吸收峰或固体中残留的水分子羟基的伸缩振动吸收峰，1130 cm^{-1}、1093 cm^{-1}、1049 cm^{-1} 处的三个谱带对应于内层键合

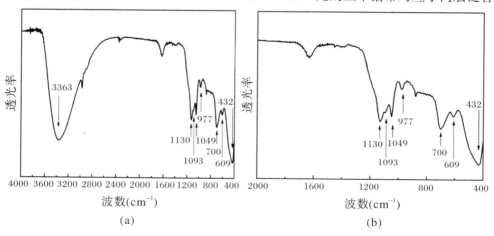

图 4.5　人工合成样品的红外光谱图（(b)是(a)的局部图）

硫酸根的非对称伸缩振动 $\nu_3(SO_4)$，977 cm^{-1} 处的谱带对应于外层键合硫酸根的非对称伸缩振动 $\nu_1(SO_4)$，700 cm^{-1} 处的谱带对应于铁氧骨架中 Fe—O 伸缩振动峰，609 cm^{-1} 处的谱带对应于晶体结构孔道内硫酸根非对称伸缩振动 $\nu_4(SO_4)$，是斯沃特曼铁矿特有的红外吸收特征谱线，表明本次合成的样品为典型的斯沃特曼铁矿。该图谱中没有出现其他物质的吸收峰，说明本次合成的斯沃特曼铁矿纯度较高。

3. 合成样品的形貌特征分析

对本次合成的固体样品进行了扫描电子显微镜观察，在微观层次上了解了铁矿的表面形貌，测定了铁矿颗粒的大小。如图 4.6 所示，合成样品的颗粒大小比较均匀，均有聚合成大颗粒的现象，而且每个小颗粒表面具有鼓起的针状毛刺，这与国外学者对斯沃特曼铁矿描述的一致。[15]斯沃特曼铁矿的形貌和大小随着生成条件的不同而有所不同，有球形和椭圆形，表面有针状毛刺特征，毛刺的长度和宽度也不一致。也有虽然是球形和椭圆形，但表面没有毛刺特征，粒径也小，这是因为生成速度太快导致颗粒来不及生长，且聚集得快而紧造成的。

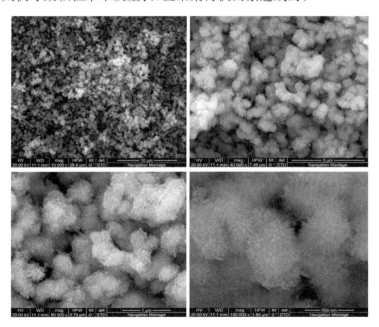

图 4.6　合成样品的 SEM 观察图

图 4.7 是通过对合成样品进行透射电子显微镜测试的结果图。与 SEM 测定相比，通过 TEM 测定更能清晰观察到样品表面结构。样品由球形或椭圆形颗粒组成，直径约为 500 nm，表面具有针状体结构，长约为 80 nm，且在颗粒表面以针状形态向外辐射。颗粒直径为 200 ～ 500 nm，针状体长为 60 ～ 90 nm。但与四方针铁矿的 TEM 图比，没有明暗相间的部分，观察不到"孔道"结构。

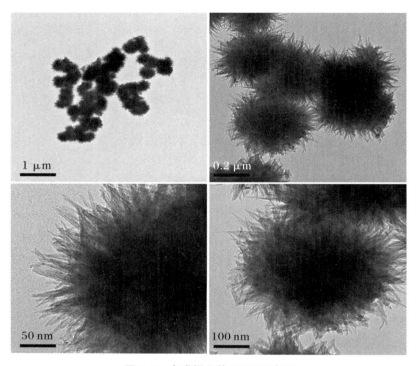

图 4.7　合成样品的 TEM 观察图

4. 合成样品的元素分析

采用 ICP-OES 仪测定的合成样品中总 Fe 和总 S 的含量分别为 8.04 mmol/g 和 1.24 mmol/g,结合两种元素比例计算得到的铁氧化物的化学式为 $Fe_8O_8(OH)_{5.52}$ $(SO_4)_{1.24}$,符合很多学者报道的斯沃特曼铁矿的化学式为 $Fe_8O_8(OH)_{8-2x}(SO_4)_x$ $(1<x<1.75)$[12],也符合先前已经报道其他合成的斯沃特曼铁矿中硫酸盐含量的中间值为 1.30~1.38 mmol/g,高值为 1.60~1.79 mmol/g。因此,我们合成的斯沃特曼铁矿具有相对较低的硫酸根含量。硫酸根含量与斯沃特曼铁矿孔道中的硫酸根络合物的数量有关。球体表面络合物的额外贡献将导致斯沃特曼铁矿具有高含量硫酸盐。另外,依据斯沃特曼铁矿的表面硫酸根与"孔道"硫酸根比例约为 1∶3,本次合成的斯沃特曼铁矿的表面硫酸根和"孔道"硫酸根含量分别为 0.31 mmol/g 和 0.93 mmol/g。

5. 合成样品的 BET 测定

为平价合成样品的比表面积,通过对氮气的吸脱附方法测定了其比表面积。图 4.8 是合成样品的氮气吸脱附曲线和孔径分布情况。由图 4.8(a)可知,吸附曲线在低压端偏 y 轴,说明材料与氮有较强的作用力,材料存在较多微孔,吸附势能强。图 4.8(b)中,含量最多的孔的孔径分布峰值出现在 0.5 nm 附近,说明合成材料中含有大量的孔径 0.5nm 左右的孔,与斯沃特曼铁矿的孔道大小一致。通过

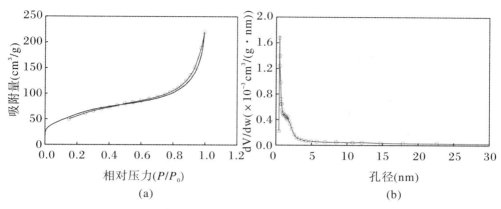

图 4.8　合成样品的氮气洗脱附曲线和孔径分布情况

BET 方法计算的合成材料的表面积为 209 m^2/g,孔体积为 0.34 cm^3/g,其表面积与 Bigham 等人报道的 175~220 m^2/g 值非常相近。[16]

4.3.2　斯沃特曼铁矿吸附不同形态磷

为研究本次合成的斯沃特曼铁矿对不同形态磷的吸附性能,研究了溶液 pH、浓度、共存离子等对斯沃特曼铁矿吸附有机磷和无机磷效果的影响,进一步通过红外光谱(FTIR)法研究了斯沃特曼铁矿与不同形态磷的相互作用和吸磷后的斯沃特曼铁矿的稳定性,分析了斯沃特曼铁矿吸附不同形态磷的机理。

1. 溶液 pH 对吸附磷的影响

在大多数研究系统中,磷酸根等阴离子的吸附随 pH 的增加而减少。因此,为了研究溶液 pH 对斯沃特曼铁矿吸附无机磷和有机磷的影响,改变溶液 pH,用同等质量的斯沃特曼铁矿吸附无机磷和有机磷溶液,得到了磷酸根吸附量随 pH 变化的结果(图 4.9)。pH 在 2~6 的酸性溶液中,斯沃特曼铁矿吸附无机磷的量几乎不变,而且在短短的 48 h 内能达到 258 mg/g(以 PO_4^{3-} 计算),说明斯沃特曼铁矿对磷有较好的吸附性。随着 pH 的升高,虽然磷的吸附量有所降低,但还是保持在 200 mg/g 以上,说明斯沃特曼铁矿在较广的 pH 范围内对磷有较好的吸附能力。但是当 pH > 6 时,无机磷的吸附量比酸性范围内的吸附量低,表明斯沃特曼铁矿在酸性环境比较稳定。这与斯沃特曼铁矿的性质一致。Eskandarpou 等人同样研究斯沃特曼铁矿吸附无机磷的研究,发现溶液 pH 从 3 升到 7 时,无机磷的吸附量略有下降,与本实验结果一致;同时也报道,当溶液 pH>7 时,对无机磷的吸附量急剧上升,这个结果与本实验的结果正好相反。[10]斯沃特曼铁矿在碱性条件下不稳定,铁矿中的硫酸根被释放到溶液中,造成与磷酸根交换的配位体减少,导致无机磷的吸附量降低。而与无机磷相比,斯沃特曼铁矿在整个 pH 范围内对有机磷

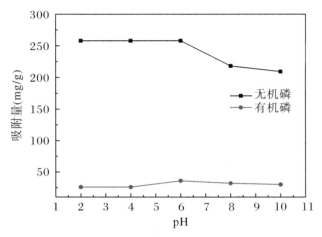

图 4.9 溶液 pH 对斯沃特曼铁矿吸附磷的影响

注:无机磷初始浓度为 115 mg/L,有机磷初始浓度为 15 mg/L,斯沃特曼铁矿的量
为 0.1 g,反应时间 48 h。

的吸附量较稳定。计算每克斯沃特曼铁矿对无机磷和有机磷的吸附量可知,无机磷的吸附量远大于对有机磷的吸附量,这可能由于有机磷的初始浓度低,导致溶液 pH 对有机磷吸附影响较小。

2. 初始磷浓度对吸附量的影响

图 4.10 是改变初始磷浓度时,斯沃特曼铁矿对无机磷和有机磷的吸附量随时间变化图。在图 4.10(a) 中,当浓度为较低的 15 mg/L 时,短短的 0.5 h 内无机磷的吸附量急剧上升,1 h 内就达到吸附平衡,表明吸附速度特别快。随着磷溶液初始浓度的增加,相同质量的斯沃特曼铁矿对无机磷的吸附量迅速增加,说明与斯沃特曼铁矿上存在的大量的活性吸附位点相互接触的无机磷增加,促进了无机磷的吸附速率;而随着反应时间的延长,斯沃特曼铁矿具有的吸附位点被磷酸根占据,导致无机磷的吸附速率减慢,吸附将达到饱和状态。在图 4.10(b) 中,当有机磷浓度为较低的 15 mg/L 时,有机磷的吸附量在 1 h 内达到 5 mg/g,比相同时间内的无机磷的吸附量 30 mg/g 低,表明斯沃特曼铁矿对有机磷的吸附速度比无机磷的慢。随吸附时间的延长吸附量缓慢增长,直到 48 h 吸附还未达到平衡,说明斯沃特曼铁矿对无机磷的吸附效果优于有机磷的吸附。随着初始有机磷浓度的升高,相同时间内的吸附量增加,达到吸附平衡的时间缩短。对比图 4.10 的两个图,斯沃特曼铁矿对无机磷和有机磷都有较好的吸附性能,但对无机磷的吸附量远远大于有机磷的吸附量,更适合无机磷的吸附去除。

(1) 等温吸附模型分析

为进一步研究斯沃特曼铁矿对两种形态磷的吸附特性及吸附机理,采用 Langmiur、Freundlich、Temkin 和 Dubinbin-Radushkevich 四种非线性等温吸附

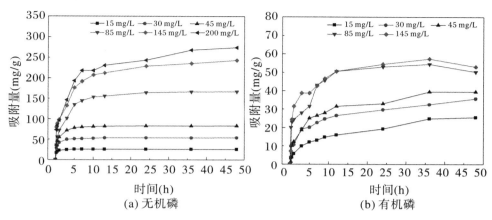

图 4.10　不同初始磷酸根浓度的吸附量随时间变化(斯沃特曼铁矿为 0.1g,溶液 pH 为 4±0.2)

模型对上述批实验获得的数据进行了拟合,结果如图 4.11 所示。从图上得知,斯沃特曼铁矿对磷酸根的吸附量随着无机磷和有机磷溶液平衡浓度增加而增加,并达到饱和。表 4.2 为 4 种非线性等温吸附模型处理等温吸附线的相关参数。通过相关系数 R^2 可知,无论是无机态磷还是有机态磷的吸附过程均符合 Langmuir 等温吸附模型,说明两种磷与斯沃特曼铁矿的相互作用均属于均匀表面上发生的单层化学吸附。通过 Langmuir 等温吸附模型计算,斯沃特曼铁矿对磷酸二氢钠和 D-葡萄糖-6-磷酸二钠的最大理论吸附量分别是 269.3 mg/g 和 56.5 mg/g(以 PO_4^{3-} 计算),说明对无机态磷的吸附性能优于对有机态磷的吸附性能。这可能与合成斯沃特曼铁矿的表面积、表面硫酸根和羟基含量有关。与无机磷相比,有机磷的最大吸附量仅为 56.5 mg/g(0.59 mmol/g)。这可能是由于较大的有机磷分子的加入可以掩盖吸附磷的空位,从而降低了其吸附密度,并且需要更高的活化能来吸附有机磷。而且对无机态磷的吸附量远远大于文献报道的表 4.3 中的吸附

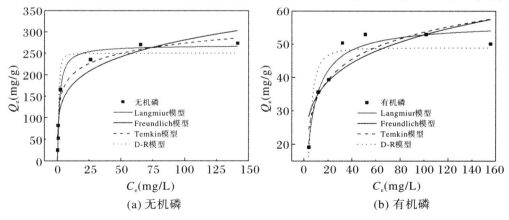

图 4.11　用 4 种不同的非线性等温吸附模型拟合的不同形态磷
在斯沃特曼铁矿上的吸附等温线

量。[17-22]可见斯沃特曼铁矿是铁氧化物中除磷效果较好的一种。因此,本合成方法合成的斯沃特曼铁矿要优于其他方法合成的斯沃特曼铁矿。与针铁矿、水铁矿和赤铁矿相比,斯沃特曼铁矿对无机磷和有机磷的吸附性能较好,更适合作为磷的吸附剂。但因为斯沃特曼铁矿本身的稳定性问题限制了相应的应用。

表 4.2　4 种非线性等温吸附模型的拟合参数

	Langmuir	Freundlich	Temkin	Dubinbin-Radushkevich
	$K_L = 2.047$	$K_F = 43.17$	$A_T = 50.32$	$Q_D = 83.66$
无机磷	$Q_{max} = 87.87$	$N_F = 4.612$	$B_T = 11.23$	$A_D = 0.398$
	$R^2 = 0.972$	$R^2 = 0.896$	$R^2 = 0.941$	$R^2 = 0.945$
	$K_L = 0.453$	$K_F = 8.892$	$A_T = 7.397$	$Q_D = 16.17$
有机磷	$Q_{max} = 18.42$	$n_F = 5.254$	$B_T = 2.905$	$A_D = 3.198$
	$R^2 = 0.946$	$R^2 = 0.690$	$R^2 = 0.793$	$R^2 = 0.835$

表 4.3　不同铁基材料对水中磷酸盐的去除效果及条件比较

铁氧化物的种类	吸附量(mg/g)	吸附条件	参考文献
Fe_3O_4	24.4	pH = 2	[17]
$\alpha\text{-}Fe_2O_3$	5.7	pH = 4.89	[18]
FeOOH/Fe(Ⅱ)	33.82	pH = 3	[19]
$\alpha\text{-}FeO(OH)$(α-针铁矿)	4.8	pH = 2	[20]
$\beta\text{-}FeO(OH)$(β-针铁矿)	8.6	pH = 2	[20]
水铁矿	52.7	pH = 4.5	[21]
针铁矿	0.9	pH = 4	[21]

(2) 吸附动力学分析

吸附过程的动力学研究不仅可以揭示吸附质在吸附剂上吸附的快慢,还能揭示吸附机理和吸附过程的控速步骤等。本实验中作为吸附质的两种磷在酸性条件下主要以磷酸二氢根和 D-葡萄糖-6-磷酸氢根的形式存在。为研究斯沃特曼铁矿对不同形态磷的吸附动力学特性,在 pH = 4 的条件下进行了吸附实验,结果如图 4.12 所示。在图 4.12(a)中,随着初始浓度的增加斯沃特曼铁矿对磷的吸附量增加,最终达到平衡。当初始浓度为 45 mg/L 时,其最大吸附量可达 86 mg/g,表明斯沃特曼铁矿对无机磷有较强的吸附能力。而在图 4.12(b)中的吸附曲线的变化趋势缓慢,在 48 h 内的吸附量只有 42 mg/g,远远低于对无机磷的吸附量。在实验设置的浓度范围内,无机磷在短短的 3 h 之内达到吸附平衡,而有机磷在 48 h 内还未达到吸附平衡,说明对有机磷的吸附速度低于对无机磷的吸附速度。这与两种磷在斯沃特曼铁矿上的吸附机理有关。据笔者推测,无机磷不仅与斯沃特曼铁矿表面的羟基和硫酸根进行交换吸附,还能与孔道内的硫酸根进行交换,吸附点位多,吸附速率快。而有机磷只能与表面羟基和硫酸根进行交换,无法进入孔道内,吸附点位少,吸附速率慢。

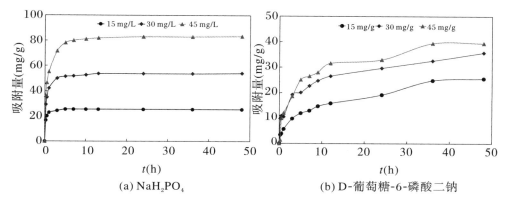

(a) NaH_2PO_4　　　　　　　(b) D-葡萄糖-6-磷酸二钠

图 4.12　斯沃特曼铁矿对不同浓度 NaH_2PO_4 和 D-葡萄糖-6-磷酸二钠溶液的吸附量随时间的变化

为进一步研究斯沃特曼铁矿对两种形态磷的吸附动力学特性,采用非线性伪一级和伪二级两种典型的吸附动力学模型对上述实验数据进行了拟合处理。图 4.13 是用两种吸附动力学模型对吸附数据进行拟合的结果,拟合相关参数见表 4.4。从图中拟合曲线的趋势和表中相关系数 R^2 可知,无论是无机磷还是有机磷,在斯沃特曼铁矿上的吸附过程均符合伪二级吸附动力学模型,说明斯沃特曼铁矿

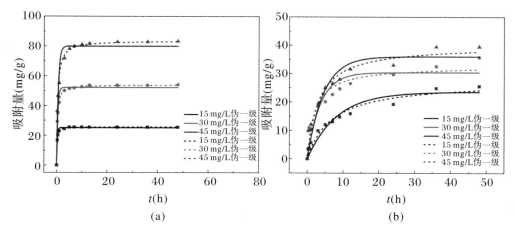

(a)　　　　　　　　　　　　(b)

图 4.13　两种非线性动力学模型对斯沃特曼铁矿吸附 KH_2PO_4 和 D-葡萄糖-6-磷酸二钠溶液数据的拟合曲线

对两种磷的吸附是化学吸附,控速步骤是吸附质在吸附点位的吸附过程。吸附速率常数 K_2 随着初始浓度的增加逐渐变小。这有可能是随着浓度的升高,虽然液膜内和颗粒内扩散的驱动力增加,初始吸附速度增加,但吸附剂的量一定的情况下,剩余吸附点位的量逐渐变小,导致控速步骤的吸附减慢,吸附速率常数降低。从吸附速率常数 K_2 值可知,斯沃特曼铁矿对无机磷的吸附速率常数是有机磷的近 7 倍,说明斯沃特曼铁矿优先吸附无机磷。

表 4.4   两种非线性动力学方程的拟合参数及相关系数

磷类	浓度（mg/L）	伪 一 级		伪 二 级	
		K_1	R_1^2	K_2	R_2^2
无机磷	15	3.704	0.9852	0.3130	0.9986
	30	2.258	0.9651	0.0779	0.9970
	45	1.526	0.9563	0.0322	0.9926
有机磷	15	0.313	0.9223	0.0176	0.9527
	30	0.078	0.8148	0.0118	0.9121
	45	0.032	0.9281	0.0079	0.9365

本研究对吸附实验过程中的吸附溶液定时进行 pH 测定,把吸附量与 pH 的关系表示在图 4.14。由图可知,随着吸附反应的进行,无论是无机磷溶液还是有机磷溶液,pH 随吸附量的上升呈下降趋势,而且吸附达到饱和时 pH 也趋于平衡。这是因为在溶液 pH = 4 的条件下(吸附反应的条件),无机磷在溶液中主要以磷酸二氢根的形式存在,但被斯沃特曼铁矿吸附时,磷酸二氢根电离出氢离子(一个或两个)变成磷酸一氢根或磷酸根,导致溶液的 pH 呈下降趋势。而有机磷溶液的吸附过程同样成 pH 下降的趋势,同样说明吸附过程中释放氢离子。根据实验用有机磷 D-葡萄糖-6-磷酸二钠的结构,在 pH = 4 的实验条件,D-葡萄糖-6-磷酸根离子

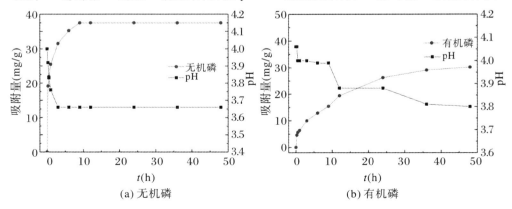

(a) 无机磷   (b) 有机磷

图 4.14   磷吸附量与溶液 pH 随时间的变化

质子化,磷酸根上的两个氧原子与氢离子结合成羟基。但被斯沃特曼铁矿吸附时羟基上的氢离子解离掉(一个或两个),以去质子的形态被吸附,导致溶液的 pH 降低。因此,无机磷和有机磷都有可能以正磷酸根或偏磷酸根的形式吸附在斯沃特曼铁矿上。

去质子化的反应式如下:

$$H_2PO_4^- \longrightarrow H^+ + HPO_4^{2-}$$
$$HPO_4^{2-} \longrightarrow H^+ + PO_4^{3-}$$
$$R\!-\!H_2PO_4^- \longrightarrow H^+ + R\!-\!HPO_4^{2-}$$

式中,R 为 D-葡萄糖离子。

3. 共存离子对磷吸附量的影响

在自然条件下,地表水中常常含有 NO_3^-、Cl^-、SO_4^{2-}、CO_3^{2-}、SiO_4^{2-} 等阴离子,这些阴离子有可能会影响斯沃特曼铁矿对无机磷和有机磷的吸附。一般情况下,地表水中阴离子 NO_3^-、Cl^-、SO_4^{2-}、CO_3^{2-}、SiO_4^{4-} 的浓度范围分别是 4~32 mg/L、20~140 mg/L、65~173 mg/L、238~634 mg/L 和 54~163 mg/L。为了研究不同阴离子对磷吸附的影响,考虑到斯沃特曼铁矿本身含有 SO_4^{2-} 离子,CO_3^{2-} 又是这些阴离子的测试手段-离子色谱淋洗液中大量存在,本研究只设计了三种阴离子的三个浓度梯度:Cl^-（20 mg/L、50 mg/L、140 mg/L）、NO_3^-（5 mg/L、20 mg/L、30 mg/L）、SiO_4^{4-}（60 mg/L、80 mg/L、100 mg/L）,考察了斯沃特曼铁矿对无机磷和有机磷的吸附效果。上述三个浓度梯度的范围已覆盖了相应的离子在地表水中的浓度范围,具有代表性。图 4.15 是三种离子的三种浓度梯度下斯沃特曼铁矿对磷的吸附效果图。图中的虚线代表空白条件下对两种形态磷的吸附量。由图 4.15(a)可知,三种阴离子对斯沃特曼吸附无机磷的影响不大,即使 140 mg/L 的 Cl^- 离子中的吸附量比其他离子或其他浓度梯度下的吸附量小,也只降低了 18% 的吸附量。由图 4.15(b)可知,三种阴离子对斯沃特曼铁矿吸附有机磷的影响也小。相

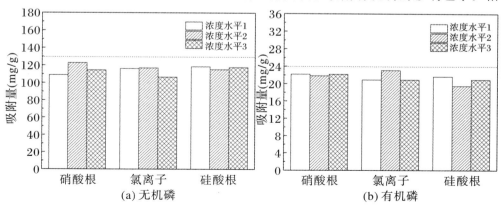

图 4.15　共存离子对无机磷和有机磷吸附的影响

注:磷酸根初始浓度为 50 mg/L、15 mg/L,斯沃特曼铁矿为 0.1 g,反应时间为 48 h,pH＝4±0.2。

对于无机磷吸附 80 mg/L 的 SiO_4^{4-} 离子对有机磷吸附产生的影响较大,但吸附能力仅降低了 19%,说明斯沃特曼铁矿吸附无机磷和有机磷具有一定的选择性。其中硅酸根的影响比其他两种的影响大一些,这有可能硅酸根的结构与硫酸根的结构相似,导致部分硫酸根被硅酸根替代,占据了一部分的吸附点位,与磷酸根发生了竞争吸附。

4. 有机磷和无机磷在斯沃特曼铁矿上的竞争吸附

（1）斯沃特曼铁矿同时吸附无机磷和有机磷

通过上述实验发现斯沃特曼铁矿不仅能吸附无机磷,还能吸附有机磷。因此,有必要研究斯沃特曼铁矿对两种形态磷的吸附性能和吸附机理的异同。为考察斯沃特曼铁矿对无机磷和有机磷的竞争吸附性能,制备一定物质的量浓度比的无机磷和有机磷的混合溶液,用一定量的斯沃特曼铁矿进行吸附,吸附结果如图 4.16 所示。图 4.16(a)~(c)分别是无机磷和有机磷的磷浓度比为 1:0.5、1:1 和 1:2 时不同形态磷的吸附量随时间的变化。而图 4.16(d)是通过两种形态磷的吸附量计算出来的磷的总吸附量随无机磷与有机磷浓度比的变化。从图 4.16 中可知,在任何浓度比的条件下,斯沃特曼铁矿都能够同时吸附无机磷和有机磷。随着反应时

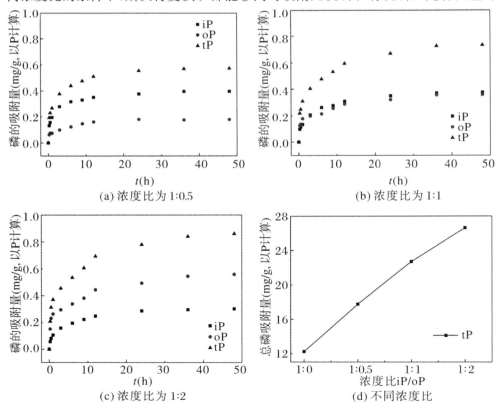

图 4.16　斯沃特曼铁矿对无机磷和有机磷混合溶液中的吸附量随时间的变化

注:磷的初始浓度为 15mg/L,吸附剂为 0.1g;iP 代表无机磷;oP 代表有机磷;tP 代表总磷。

间的增大,同一个吸附剂上的无机磷和有机磷的吸附量逐渐升高,与单独溶液中的吸附趋势一样。在 1 h 内,有机磷和无机磷吸附量同时迅速增大,之后缓慢增大并达到平衡,表示无机磷和有机磷在斯沃特曼铁矿上分别占据不同吸附位点,相互影响小。在有机磷含量相对低的 1∶0.5 的混合溶液中,无机磷的吸附速度远远大于有机磷的吸附速度,貌似斯沃特曼铁矿优先吸附无机磷。但是在浓度比 1∶1 的混合溶液中,无机磷和有机磷的吸附速度几乎同步,无机磷的稍大于有机磷,说明斯沃特曼铁矿对不同形态磷的吸附不仅与形态有关,也与它们的浓度有关。当浓度比增加到 1∶2 时,随混合溶液中有机磷的浓度增加,吸附剂对有机磷的吸附速度也增加,进一步说明有机磷与无机磷的吸附位点不同。还有一种可能是实验设计的总磷浓度远远低于所用的斯沃特曼铁矿吸附位点的量,无论什么样的磷,随溶液中浓度的增加都可以导致吸附量的增加。随着有机磷浓度增加,导致溶液中有机磷的离子强度增强(无机磷的离子强度变弱),有机磷与斯沃特曼铁矿上的吸附位点有效碰撞几率增大(无机磷与斯沃特曼铁矿上的吸附位点有效碰撞几率减小),使得有机磷的吸附量上升(无机磷的吸附量下降)。从图 4.16(d)可知,随着无机磷和有机磷的浓度比增加,总磷吸附量呈上升趋势,而浓度比为 1∶0 和 0∶1 时,即斯沃特曼铁矿单独吸附无机磷或有机磷时,无机磷吸附量大于有机磷吸附量,这有可能由于在相同含量的磷溶液中,无机磷的空间体积小于有机磷的空间体积,造成无机磷与活性点位碰撞几率大于有机磷,导致斯沃特曼铁矿对无机磷的吸附量大于有机磷的吸附量。

(2) 无机磷和有机磷在斯沃特曼铁矿上顺序吸附

为揭示两种形态的磷在斯沃特曼铁矿上的吸附机理,对无机磷和有机磷进行了顺序吸附实验。图 4.17(a)是斯沃特曼铁矿先吸附饱和无机磷(饱和吸附容量为 75 mg/g)之后,再对有机磷吸附的吸附量随时间的变化趋势图。由图 4.17(a)可知,有机磷的吸附量随时间的变化不大,48 h 内的平均吸附量只有 2.4 mg/g 左右,说明吸附无机磷的斯沃特曼铁矿上剩余的吸附点位数量明显减少,或说明比较牢固。在图 4.17(b)中,即使吸附饱和有机磷的斯沃特曼铁矿,随着吸附时间的延长对无机磷的吸附量明显增加,同样的 48 h 内,对无机磷的平均吸附量可达 38 mg/g,说明无机磷可以取代已吸附的有机磷,且亲和力大,或说明对有机磷的吸附点位与无机磷的吸附点位不一样。

根据文献报道,SO_4^{2-} 存在于斯沃特曼铁矿的表面和孔道两个不同的区域。[11] 约 1/3 的 SO_4^{2-} 存在于表面,2/3 的 SO_4^{2-} 存在于孔道结构内。磷酸根的离子半径为 0.476 nm,接近 SO_4^{2-} 的半径 0.46 nm,小于孔道的半径 0.5 nm。基于此,我们推测,在吸附过程中磷酸根可以进入孔道结构内替换 SO_4^{2-}。而有机磷的半径较大,很难进入孔道内,只能与表面 SO_4^{2-} 交换吸附在表面上。所以有机磷的吸附量比无机磷小,且有机磷不能替换已经吸附在斯沃特曼铁矿上的无机磷。

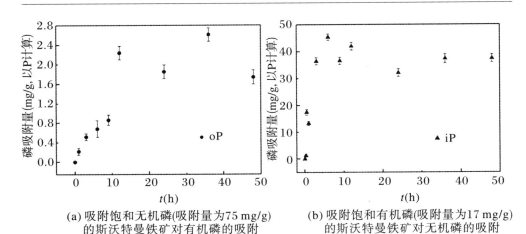

(a) 吸附饱和无机磷(吸附量为75 mg/g)　　　(b) 吸附饱和有机磷(吸附量为17 mg/g)
　　的斯沃特曼铁矿对有机磷的吸附　　　　　　　的斯沃特曼铁矿对无机磷的吸附

图 4.17　对磷的吸附量随时间的变化

5. 斯沃特曼铁矿与不同形态磷相互作用机理

磷酸根在羟基矿物表面的吸附可以通过配体交换机制来描述,其机理为磷酸根与羟基矿物表面的羟基发生配位体交换反应,形成磷酸根配合物而吸附在矿物表面上。斯沃特曼铁矿表面存在硫酸根和羟基配位体。有学者研究发现磷酸根能够与斯沃特曼铁矿表面硫酸根发生配位体交换反应。但到目前为止,很少有人注意斯沃特曼铁矿孔道结构硫酸根对磷酸根吸附的贡献,更没有人研究过有机磷在斯沃特曼铁矿上的吸附机制。因此,为探究斯沃特曼铁矿与无机磷、有机磷的相互作用机理,更为了证明上述推测,本研究对吸附无机磷和有机磷的斯沃特曼铁矿进行红外吸收光谱测定,结果如图 4.18 所示。

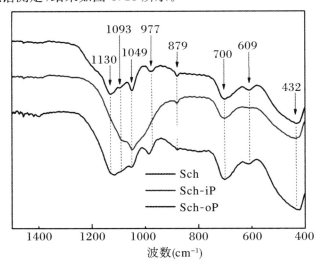

图 4.18　斯沃特曼铁矿红外吸收光谱

注:(pH=4±0.2;Sch:纯斯沃特曼铁矿;Sch-iP:斯沃特曼铁矿吸附无机磷;Sch-oP:斯沃特曼铁矿吸附有机磷。

图 4.18 为在酸性条件下(pH＝4±0.2)无机磷(iP)和有机磷(oP)吸附后的斯沃特曼铁矿的红外吸收光谱图。由图 4.18 可知,与纯斯沃特曼铁矿的红外吸收谱图比较(最上边的谱线),吸附无机磷后的斯沃特曼铁矿图谱中,有三处硫酸根特征峰消失,分别为处在内层键合硫酸根的非对称伸缩振动峰 $\nu_3(SO_4)$ 的 1130 cm^{-1}、处在外层键合硫酸根的非对称伸缩振动峰 $\nu_1(SO_4)$ 的 977 cm^{-1} 和晶体结构孔道内硫酸根非对称伸缩振动峰 $\nu_4(SO_4)$ 的 609 cm^{-1},说明无机磷溶液中磷酸根不仅与斯沃特曼铁矿表面硫酸根进行了配位体交换,还能进入孔道内部,与孔道内硫酸根进行配位体交换。无机磷酸根具有离子半径为 0.47 nm 的四面体空间结构,特别像硫酸根的结构和半径 0.46 nm,而且小于斯沃特曼铁矿孔道结构的半径 0.5 nm,完全有可能替换硫酸根的位置。而在吸附有机磷的斯沃特曼铁矿图谱中,977 cm^{-1} 处的外层键合硫酸根的非对称伸缩振动峰 $\nu_1(SO_4)$ 发生偏移,说明有机磷与斯沃特曼铁矿表面硫酸根发生配位体交换。而且在 609 cm^{-1} 处的属于晶体结构孔道内硫酸根非对称伸缩振动的峰 $\nu_4(SO_4)$ 仍然存在,进一步说明有机磷主要与表面硫酸根进行交换,而不是孔道内硫酸根。在有机磷和无机磷吸附后的斯沃特曼铁矿谱图中 879 cm^{-1} 处—OH 伸缩振动峰没有消失,进一步说明有机磷和无机磷与斯沃特曼铁矿上的羟基发生配位体交换的比例相对少,主要与铁矿中的硫酸根发生配位体交换反应。吸附不同形态磷前后的斯沃特曼铁矿的红外吸收光谱峰值变化总结在表 4.5 中。

表 4.5　吸附后的斯沃特曼铁矿红外光谱峰值变化

铁　矿	特征峰	波长(cm^{-1})	状　态	
			无机磷吸附	有机磷吸附
斯沃特曼铁矿	$\nu_1(SO_4)$	977	消失	偏移
		1049	—	—
	$\nu_3(SO_4)$	1093	—	—
		1130	消失	—
	$\nu_4(SO_4)$	609	消失	—
	—OH	879	—	—

为了进一步探究斯沃特曼铁矿对无机磷和有机磷的具体吸附机理,本研究对实验过程中的溶液进行磷酸根和硫酸根浓度的测定,计算出溶液中减少的磷酸根的摩尔浓度与斯沃特曼铁矿释放的硫酸根的摩尔浓度之间的关系,结果如图 4.19 所示。从图中可知,无机磷溶液中磷酸根减少的摩尔浓度与铁矿释放的硫酸根摩尔浓度比分别为 1.2、1.4 和 1.6,即平均摩尔浓度比约为 1.5,即三个磷酸根替换两个硫酸根,这有可能因为表面硫酸根是单齿络合物,磷酸根与硫酸根 1：1 交换,

而"孔道"中硫酸根为双齿络合物,一个硫酸根具有两个吸附位点,即两个磷酸根替换一个硫酸根,所以磷酸根与硫酸根的摩尔浓度比为3∶2。而在有机磷溶液中,磷酸根与硫酸根的摩尔浓度比约为1∶1,即一个磷酸根替换一个硫酸根,这有可能由于有机磷直径大于斯沃特曼铁矿孔道直径,造成有机磷仅能与表面磷酸根进行1∶1交换。

根据以上几种分析手段,我们确定了不同形态磷在斯沃特曼铁矿上吸附的不同机理,并用图4.20描绘。

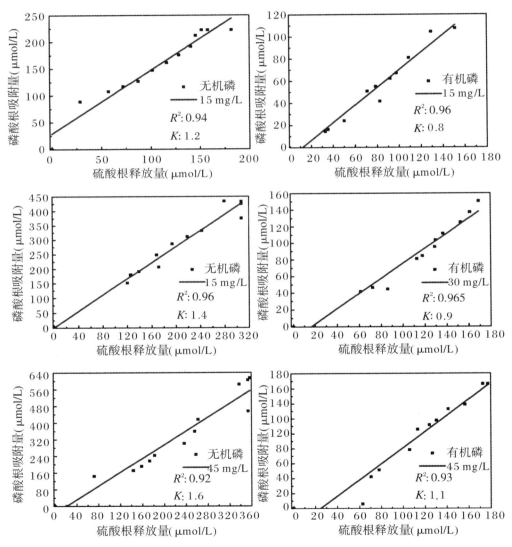

图4.19　溶液中磷酸根的减少浓度与硫酸根释放量的关系

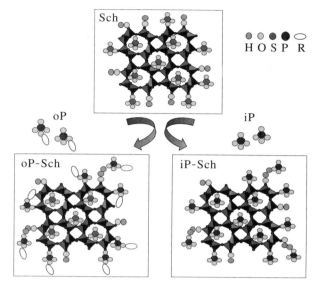

图 4.20 不同形态磷在斯沃特曼铁矿上的不同吸附机理示意图

4.3.3 不同形态磷对斯沃特曼铁矿稳定性的影响

1. 不同形态磷对斯沃特曼铁矿稳定化作用

pH 超出 2.8～4.5 范围,已形成的斯沃特曼铁矿就转变成其他类型的铁氧化物。[23] 为研究磷的吸附对斯沃特曼铁矿稳定性的影响,本研究把纯斯沃特曼铁矿及在 pH = 4 的条件下吸附无机磷和有机磷的斯沃特曼铁矿浸泡在强碱性(pH = 10)溶液中 72 h 后过滤干燥,进行了 XRD 和 FT-IR 测定。图 4.21 为浸泡后的三种斯沃特曼铁矿的 XRD 谱图。对比浸泡前纯斯沃特曼铁矿谱图,浸泡后的谱图中纯斯沃特曼铁矿的主要特征峰 35.5°的峰强度明显减弱,且左侧出现了类似针铁矿的宽峰,表明纯斯沃特曼铁矿在碱性环境下逐渐变成其他矿物。[20] 在吸附两种磷后浸泡的施氏矿物的 XRD 谱图中,主要特征峰的 35.5°还存在,但左侧也开始出现了新的弱峰,说明两种磷的吸附抑制斯沃特曼铁矿向其他矿物转变的速度。因此可以推断,无机磷和有机磷的吸附可促进斯沃特曼铁矿的稳定性。

图 4.22 是浸泡前后斯沃特曼铁矿的 FT-IR 谱图。纯斯沃特曼铁矿的谱图 4.22(a)中,浸泡前,在 432 cm^{-1} 和 700 cm^{-1} 处的吸收峰对应铁氧骨架中 Fe—O 键伸缩振动;977 cm^{-1} 处的吸收峰对应于外层键合硫酸根的非对称伸缩振动;1130 cm^{-1}、1093 cm^{-1} 和 1049 cm^{-1} 处的三个吸收峰对应于内层键合硫酸根的非对称伸缩振动。而在 609 cm^{-1} 处的吸收峰对应于斯沃特曼铁矿特有的孔道结构内硫酸根的非对称伸缩振动。[24] 浸泡后的谱图中,除了上述几个特征峰之外,在

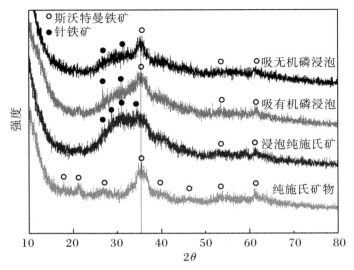

图 4.21　浸泡后三种施氏矿物 XRD 谱图

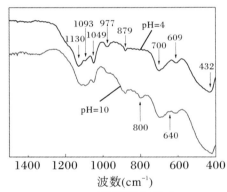

(a) 纯斯沃特曼铁矿

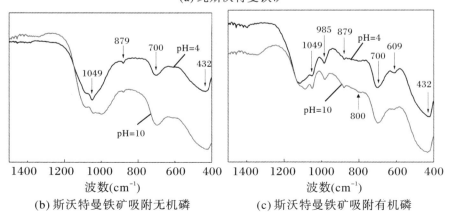

(b) 斯沃特曼铁矿吸附无机磷　　　(c) 斯沃特曼铁矿吸附有机磷

图 4.22　在不同溶液 pH 条件下吸附磷后的斯沃特曼铁矿红外光谱图

800 cm^{-1} 和 640 cm^{-1} 处出现了两个属于针铁矿的特征峰,说明纯的斯沃特曼铁矿开始转变为针铁矿。[11]吸附无机磷的斯沃特曼铁矿浸泡前后的对比图 4.22(b)中,pH＝4 表示斯沃特曼铁矿在 pH＝4 的条件下吸附无机磷,其 FT-IR 谱图中来自孔道内硫酸根的 609 cm^{-1} 处的吸收峰消失(与图 4.22(a)相比),说明无机磷通过交换斯沃特曼铁矿孔道内硫酸根吸附。而浸泡后的谱图中没有出现属于针铁矿的新峰,说明无机磷的吸附促进斯沃特曼铁矿的稳定性。同样地,在吸附有机磷的斯沃特曼铁矿浸泡前后的对比图 4.22(c)中,浸泡前(pH＝4)属于孔道内硫酸根的 609 cm^{-1} 处的吸收峰还存在,说明孔道内硫酸根与有机磷的吸附相关性小。而浸泡后的谱图中,除了 800 cm^{-1} 左右出现较弱的峰,也没有出现属于针铁矿的新峰,说明有机磷的吸附也促进斯沃特曼铁矿的稳定性,但促进作用比无机磷弱。因此,有机磷吸附和无机磷吸附都可以抑制斯沃特曼铁矿向针铁矿转变,使斯沃特曼铁矿更加稳定,并拓宽了斯沃特曼铁矿稳定存在的 pH 范围。

　　综合 XRD 和 FT-IR 的分析结果可知,在酸性环境下形成的斯沃特曼铁矿吸附不同形态的磷后,在较强的碱性环境(pH＝10)中也能阻止其矿学性质的变化速度,但两种磷的阻止作用略微不同。因此,斯沃特曼铁矿的形成影响水环境中各种形态磷的存在状态和迁移转化,同时矿物本身的稳定性也提高。

　　鉴于无机磷的稳定效果大于有机磷,选择吸附无机磷的斯沃特曼铁矿进一步研究其耐久性稳定效果。将纯的斯沃特曼铁矿和吸附无机磷的斯沃特曼铁矿在 pH＝10 的水中浸泡 15 天,得到浸泡斯沃特曼铁矿的样品。根据斯沃特曼铁矿在低 pH 条件下的稳定性,将相同的样品在 pH＝4 的水中浸泡 15 天。图 4.23 为不同 pH 条件下浸泡的样品的 SEM 图像。在图 4.23(a)中,纯斯沃特曼铁矿在 pH＝4 中浸泡 15 天后,表面的微棒状的颗粒没有变化,与图 4.6 中的形貌一致,说明斯沃特曼铁矿在 pH＝4 条件下可以稳定存在至少两周。然而,在 pH＝10 条件下浸泡 15 天后,斯沃特曼铁矿的形态发生了变化(图 4.23(b)),虽然仍呈棒状,但空隙被其他物质覆盖,说明斯沃特曼铁矿开始向其他矿物转变。

　　在吸附无机磷的斯沃特曼铁矿的情况下(图 4.23(c),(d)),无论浸泡在 pH＝4 还是在 pH＝10,都观察到直径为 5～8 nm 的球体聚集,这是斯沃特曼铁矿的典型特征,说明无机磷通过吸附促进了斯沃特曼铁矿的稳定性。将吸附了无机磷的斯沃特曼铁矿浸在 pH＝4 和 pH＝10 中的两幅 SEM 图像进行比较,发现两者之间没有明显的差异,说明无机磷的吸附不仅扩大了斯沃特曼铁矿稳定存在的 pH 范围,而且延长了斯沃特曼铁矿在该 pH 范围内稳定存在时间。

2. 不同形态磷对斯沃特曼铁矿稳定化的作用机理

(1)斯沃特曼铁矿转化机理

　　由于斯沃特曼铁矿的结晶度较差,随着水中地球化学环境的变化,很容易转变为更稳定的针铁矿。[25]自然环境中自发形成的斯沃特曼铁矿往往吸附或结合各种

(a) SchP pH=4~15　　　　　　　　(b) SchP pH=10~15

(c) SchP pH=4~15　　　　　　　　(d) SchP pH=10~15

图 4.23　有无吸附磷的斯沃特曼铁矿浸泡在不同 pH 水中浸泡 15 天后的 SEM 图像

注:Sch 为纯斯沃特曼铁矿；SchP 为吸附无机磷的斯沃特曼铁矿。

元素,其中一些元素促进斯沃特曼铁矿的稳定,另一些元素促进斯沃特曼铁矿的转化。[26]例如,斯沃特曼铁矿上存在一定量的 As,无论是吸附在矿物表面还是掺入到晶体结构中,都会延缓矿物从斯沃特曼铁矿到针铁矿的转变过程。[27]然而,Fe(Ⅱ)离子的存在通过 Fe(Ⅱ)向结构 Fe(Ⅲ)的电子转移促进斯沃特曼铁矿向针铁矿的转变,提高还原溶解速率。[27]关于斯沃特曼铁矿转化的促进机制,研究者普遍认为,斯沃特曼铁矿向针铁矿转化的主要途径是 Fe(Ⅱ)诱导转化。[28]在该反应途径中,一个 Fe(Ⅱ)原子与斯沃特曼铁矿表面的 Fe(Ⅲ)相互作用并被氧化为 Fe(Ⅲ),产生新形成的 Fe(Ⅲ)核,成为形成次生 Fe(Ⅲ)矿物的核。[28]同时,原结构中的 Fe(Ⅲ)离子接受电子,还原为 Fe(Ⅱ),溶解于水中,原来的结构被破坏。

　　而我们认为斯沃特曼铁矿转化的另一个重要途径是 OH⁻ 诱导转化。Bigham 等报道,斯沃特曼铁矿的转化过程中除了释放 SO_4^{2-} 外,还向水相中释放了大量的质子[12],反应式如下:

$$Fe_8O_8(OH)_6SO_{4(s)} + 2H_2O_{(aq)} \longrightarrow 8FeOOH_{(s)} + SO_{4(aq)}^{2-} + 2H_{(aq)}^+$$

由上式可知,在正常大气条件下,斯沃特曼铁矿的转化是溶液 pH 的函数,且转化速率随 pH 的增大而增大。大量结构性 SO_4^{2-} 的损失是导致斯沃特曼铁矿转化的主要原因之一。溶液中大量 OH^- 的存在会引起结构 SO_4^{2-} 被 OH^- 交换，导致斯沃特曼铁矿中的方形隧道结构坍塌。同时，来自斯沃特曼铁矿的 Fe(Ⅲ) 通过与 OH^- 的相互作用，在溶液中重新析出新的固相，继续上述反应（勒夏特列原理）向右进行，促进斯沃特曼铁矿的转化。

（2）斯沃特曼铁矿稳定化机理

通过分析以上的转化机理，我们认为，对斯沃特曼铁矿的稳定化机理至少有两个途径，总结如下：

① 表面钝化效应

几乎所有的含氧阴离子，无论是被吸附还是被掺入到斯沃特曼铁矿结构中的，都会减缓或抑制斯沃特曼铁矿向针铁矿的转变。[25,29]一方面，表面吸附的含氧阴离子占据了活性 Fe(Ⅲ) 位点，进一步阻断和降低了斯沃特曼铁矿的反应活性，并作为进一步溶解斯沃特曼铁矿的物理屏障。[30]另一方面，含氧阴离子吸附在斯沃特曼铁矿结构上可能导致斯沃特曼铁矿结构变形，使部分 Fe(Ⅲ) 释放出来，在斯沃特曼铁矿表面形成含氧阴离子对应的次生矿物，阻碍溶解，同样起到屏障作用。在有机磷的情况下，有机磷分子全部被吸附在斯沃特曼铁矿表面，覆盖了活性 Fe(Ⅲ) 位点，稳定了斯沃特曼铁矿。在无机磷的情况下，除了表面吸附外，它还取代了孔道中的 SO_4^{2-}，防止了隧道结构的坍塌。有研究表明，虽然 PO_4^{3-}（0.090 nm^3）和 SO_4^{2-}（0.091 nm^3）的体积几乎相同，但 PO_4^{3-} 与 Fe(Ⅲ) 氧化物的配位常数为 31.29，远远大于 SO_4^{2-} 的 7.78，表明 PO_4^{3-} 具有很强的亲和力。[30]因此，无机磷的稳定作用大于原生态的 SO_4^{2-} 和有机磷。

② 氢键效应

Sestu 等证实，斯沃特曼铁矿中的 SO_4^{2-} 至少以两种不同的构型存在，其中一种构型是与 Fe—O 网络共享两个 O 原子（与内球硫酸根配体形成络合物），另一种构型是通过氢键与八面体相连（与外球硫酸根配体形成静电结合的络合物）。[31]在吸附过程中，含氧阴离子很容易取代 SO_4^{2-} 的外球配合物。含氧阴离子对斯沃特曼铁矿的稳定作用与含氧阴离子与 SO_4^{2-} 具有相似空间结构的特点有关。在较低的 pH 下，含氧阴离子官能团被质子化，有利于与 Fe—O 网络形成氢键和稳定。例如，水溶液 As(V) 在低 pH 下以 $H_2AsO_4^-$ 形态存在（pka1 = 2.3，pka2 = 6.8），与含水的 Fe(Ⅲ) 氧化物（表面络合常数为 29.31[32]）具有较强的亲和力，对斯沃特曼铁矿具有稳定作用。根据 H_3PO_4 的酸解离常数为 2.12，pka_2 = 7.20，pka_3 = 12.4，斯沃特曼铁矿在 pH = 4 时以 $H_2PO_4^-$（$PO_2—(OH)_2$）态吸附无机磷。无机磷中两个羟基的存在有利于与 Fe—O 网络形成氢键，增加了无机磷与斯沃特曼铁矿之间的相互作用，稳定了斯沃特曼铁矿的孔道结构。相比之下，有机磷只吸附在表面，氢键的作用相对较小。吸附磷对斯沃特曼铁矿的转化和稳定机理如图 4.24 所示。

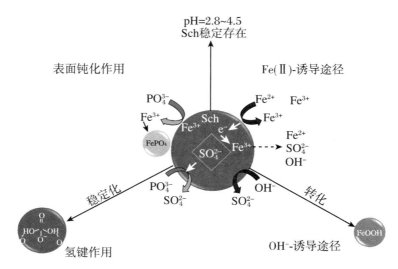

图 4.24　吸附磷对斯沃特曼铁矿的转化和稳定机理模拟图

4.4　结论与展望

（1）通过慢速合成方法合成了化学式为 $Fe_8O_8(OH)_{5.52}(SO_4)_{1.24}$ 的高纯度高斯沃特曼铁矿。所合成斯沃特曼铁矿的比表面积为 209 m^2/g，具有直径约为 500 nm 的球形或椭圆形颗粒，颗粒上长着长约 90 nm 针状体，从颗粒表面以"针形"形态向外辐射。

（2）斯沃特曼铁矿对无机磷和有机磷的实际吸附量分别达 268.08 mg/g 和 57.37 mg/g，均符合 Langmuir 等温吸附模型和伪二级吸附动力学模型，属于单层化学吸附，其最大理论吸附量分别为 269.3 mg/g 和 56.46 mg/g，与实际吸附量一致。对不同形态磷的吸附速率常数表明，斯沃特曼铁矿对无机磷的吸附速度比有机磷快。斯沃特曼铁矿可同时吸附不同形态的磷，具有不同的吸附位点。这是因为无机磷在斯沃特曼铁矿上的吸附机理是以交换孔内硫酸根为主，交换表面硫酸根为辅，而有机磷在斯沃特曼铁矿上的吸附机理是以表面硫酸根交换为主的原因。常见共存离子对斯沃特曼铁矿吸附不同形态磷的影响较小。

（3）即使在碱性较强的环境中，吸附不同形态的磷都能提高斯沃特曼铁矿的稳定性。由于两种形态磷的吸附量和吸附机理不同，无机磷的稳定效果略大于有机磷。除了表面钝化效应外，无机磷对斯沃特曼铁矿的主要稳定效应是强氢键效应。然而，有机磷似乎主要通过表面钝化和弱氢键效应来稳定斯沃特曼铁矿。因此，无机磷和有机磷虽然存在形态不同，通过吸附都可以抑制斯沃特曼铁矿向针铁矿转变,可拓宽斯沃特曼铁矿的稳定存在范围。斯沃特曼铁矿在富含铁、硫酸根的酸性水体中自然形成,对自然界中磷的迁移转化起到吸附固定作用。因此,斯沃特曼铁矿在治理酸性废水中磷污染具有较好的应用潜力,通过溶解斯沃特曼铁矿还可以回收磷资源,对解决磷资源短缺问题有一定的参考价值。

参 考 文 献

[1] 孙小虹,陈春琳,王高尚,等. 中国磷矿资源需求预测[J]. 地球学报,2015,36(2):213-219.

[2] 中华人民共和国国土资源部. 全国矿产资源储量通报[R]. 北京:中华人民共和国国土资源部,2013.

[3] Wang H J,Liang X M,Jiang P H,et al. TN:TP ratio and plank-tivorous fish do not affect nutrient-chlorophyll relationships in shallow lakes[J]. Freshwater Biology,2008,53(5):935-944.

[4] 陈水勇,吴振明,俞伟波,等. 水体富营养化的形成、危害和防治[J]. 环境科学与技术,1999,85(2):11-15.

[5] 邱维,张智. 城市污水化学除磷的探讨[J]. 重庆环境科学,2002,24(2):81-84.

[6] 吕秀彬,杨志宏,付佳,等. 吕盐化学除磷对 SBR 工艺生物脱氮除磷的影响[J]. 水处理技术,2016,42(6):59-63.

[7] 王夏敏,周建,龙腾锐,等. 生物/化学组合工艺处理高盐榨菜废水的除磷效能[J]. 中国给水排水,2008,24(7):29-33.

[8] 韩巍,梁成华,杜立宇,等. 不同 pH 值条件下人工合成铁氧化物对磷的吸附特性[J]. 浙江农业学报,2010,22(1):77-80.

[9] 颜道浩. 铁氧化物对有机磷的吸附特征及影响因素研究[D]. 呼和浩特:内蒙古大学,2016.

[10] Eskandarpour A,Sassa K,Bando Y,et al. Magnetic removal of phosphate from wastewater using schwertmannite[J]. Materials Transactions,2006,47(7):1832-1837.

[11] Bigham J M,Schwertman U,Carlson L,et al. A poorly crystallized oxyhydroxysulfate of iron formed by bacterial oxidation of Fe(Ⅱ) in acid mine waters. Geochim Cosmochim Acta,1990,54(10):2743-2758.

[12] Bigham J M,Schwertmann U,Traina S J,et al. Schwertmannite and chemical modeling of iron in acid sulfate waters[J]. Geochimica et Cosmochimica Acta,1996,60(12):2111-2121.

[13] Fernandez-Martinez A,Timon V,Roman-Ross G,et al. The structure of schwertmannite,a nanocrystalline iron oxyhydroxysulfate[J]. American Mineralogist,2010,95(8-9):1312-1322.

[14] De-Bashana L E,Bashan Y. Recent advances in removing phosphate from wastewater and its future use as Fertilizer(1997—2003)[J]. Water Research,2004,38(19):4222-

4246.

[15] 孙红福. Schwertmannite 矿物的稳定性及对铬酸根的吸附行为[D]. 北京：中国矿业大学，2009.

[16] Bigham J M，Carlson L，Murad E. Schwertmannite，a new iron oxyhydroxysulphate from Pyhasalmi，Finland，and other localities[J]. Mineralogical Magazine，1994，58 (4)：641-648.

[17] Moharami S，Jalali M. Effect of TiO_2，Al_2O_3，and Fe_3O_4 nanoparticles on phosphorus removal from aqueous solution[J]. Environmental Progress & Sustainable Energy，2014，33（4）：1209-1219,

[18] Liang H，Liu K，Ni Y. Synthesis of mesoporous α-Fe_2O_3 using cellulose nanocrystals as template and its use for the removal of phosphate from wastewater[J]，Journal of The Taiwan Institute of Chemical Engineers.，2017，71：474-479,

[19] Li Y，Fu F，Cai W，et al. Synergistic effect of mesoporous feroxyhyte nanoparticles and Fe(Ⅲ) on phosphate immobilization：adsorption and chemical precipitation[J]. Powder Technology. 2019，345：786-795.

[20] Mochizuki Y，Bud J，Liu J. Adsorption of phosphate from aqueous using iron hydroxides prepared by various methods[J]. Journal of Environmental Chemical Engineerin，2021，9(1)：104645

[21] Wang X，Li W. Harrington Sparks，Effect of ferrihydrite crystallite size on phosphate adsorption reactivity[J]. Environmental Science and Technology，2013，47（18）：10322-10331

[22] Pan B，Wu J，Pan B. Development of polymer-based nanosized hydrated ferric oxides (HFOs) for enhanced phosphate removal from waste effluents[J]. Water Research，2009，43（17）：4421-4429,

[23] 岳梅,赵峰华,孙红福,等.煤矿酸性水中亚稳态矿物 Schwertmannite 的形成与转变[J]. 矿物学报，2006，26(01)：43-46.

[24] Salama W，Ei Aref M，Gaupp R. Spectroscopic characterization of iron ores formed in different geological environments using FTIR，XPS，Mossbauer spectroscopy and thermoanalyses[J]. Spectrochimica Acta Part A：Molecular and Biomolecular Spectroscopy，2015，136：1816-26.

[25] Schoepfer V A，Burton E D，Johnston S G，et al. Phosphate loading alters schwertmannite transformation rates and pathways during microbial reduction[J]. Science of the Total Environment，2019，657，770-780.

[26] Chen Q，Cohen D R，Andersen M S. Stability and trace element composition of natural schwertmannite precipitated from acid mine drainage[J]. Applied Geochemistry，2022，143，105370.

[27] Antelo J，Fiol S，Carabante I，et al. Stability of naturally occurring AMD—schwertmannite in the presence of arsenic and reducing agents[J]. Journal of Geochemical Exploration，2021，220：106677.

[28]　Burton E D, Bush R T, Sullivan L A, et al. Reductive transformation of iron and sulfur in schwertmannite-rich accumulations associated with acidifedcoastal lowlands [J]. Geochimica et Cosmochimica Acta, 2007, 71: 4456-4473.

[29]　Fukushi K, Sasaki M, Sato T, et al. A natural attenuation of arsenic in drainage from an abandoned arsenic mine dump[J]. Applied Geochemistry, 2003, 18: 1267-1278.

[30]　Schoepfer V, Burton E. Schwertmannite: a review of its occurrence, formation, structure, stability and interactions with oxyanions[J]. Earth Science Reviews, 2021, 221, 103811.

[31]　Sestu M, Navarra G, Carrero S, et al. Whole-nanoparticle atomistic modeling of the schwertmannite structure from total scattering data [J]. Journal of Applied Crystallography, 2017, 50: 1617-1626.

[32]　Wang Y, Gao M, Huang W. Efects of extreme pH conditions on the stability of As(V)-bearing schwertmannite[J]. Chemosphere, 2020, 251: 126427.